# HTML5/CSS3 モダンコーディング

フロントエンドエンジニアが教える3つの本格レイアウト
スタンダード・グリッド・シングルページレイアウトの作り方

吉田真麻 著

# 本書内容に関するお問い合わせについて

本書に関するご質問、正誤表については、下記のWebサイトをご参照ください。

正誤表　　http://www.shoeisha.co.jp/book/errata/
刊行物Q&A　　http://www.shoeisha.co.jp/book/qa/

インターネットをご利用でない場合は、FAX または郵便で、下記にお問い合わせください。

〒160-0006　東京都新宿区舟町５
（株）翔泳社 愛読者サービスセンター
FAX番号：03-5362-3818

電話でのご質問は、お受けしておりません。

※本書に記載されたURL 等は予告なく変更される場合があります。
※本書の出版にあたっては正確な記述につとめましたが、著者や出版社などのいずれも、本書の内容に対してなんらかの保証をするものではなく、内容やサンプルに基づくいかなる運用結果に関してもいっさいの責任を負いません。
※本書に掲載されているサンプルプログラムやスクリプト、および実行結果を記した画面イメージなどは、特定の設定に基づいた環境にて再現される一例です。
※本書に記載されている会社名、製品名はそれぞれ各社の商標および登録商標です。

# はじめに

HTMLやCSSのコーディングでは、「わかる」と「できる」は別物です。断片的な知識によって部分的な修正や改変はできても、ページまるごとのデザインや自分の作りたいイメージを一から組み上げようとすると、どうすればいいのかわからず手が動かなかった経験はありませんか？

この本は、そういった方々のコーディングスキルを１段上のステージへ引き上げるためにあります。

本書は１冊を３つのPARTに分け、Web制作の中でよく見られる３種類のレイアウトのサイトを１つずつ紹介しています。そして、それらのデザインイメージを元にHTMLとCSSをゼロから組み上げていくという、現場のフロントエンドエンジニアがたどるフローに限りなく近い形でHTML5とCSS3を学んでいける構成になっています。リアルなモチベーションが保てるように、サンプルサイトのデザインにもこだわりました。

１つのサイトの中にはたくさんのHTMLの要素やCSSのプロパティが詰まっています。実際にコーディングを進めながら、それらの知識が必要になったタイミングで深い解説を挟むことで、実用的な知識を飽きずに無理なく身につけられる構成にしています。

ゼロからのコーディングを３回も繰り返せば、だんだんとイメージをコードに変換するコツがつかめてくることでしょう。

さらに、本書では「モダン」なコーディングを意識しています。Webでの表現は日々リッチになっていき、それらを実現する高機能なHTML5やCSS3に対応していないレガシーブラウザは徐々に淘汰されつつあります。しかし、レガシーブラウザのために複雑になった古いコードからなかなか脱却できていない現場も多いことでしょう。

本書ではHTML5に対応していないレガシーブラウザを切り捨て、現実的な範囲での次世代のブラウザを対象としたシンプルでモダンなコーディングを意識しています。本書が脱レガシーブラウザ対応の第一歩を踏み出す手助けになればと願っています。

HTML/CSSコーディングでイメージを形にする力がつけば、そこからできることは無限に広がります。一緒にコーディングを楽しみましょう！

**吉田真麻**

# 目　次

## APPENDIX
## セルフコーディングにチャレンジ　コーディング例　229



## COLUMN



### 本書で作成するサンプルサイトについて

以下のURLでサンプルサイトの表示を確認できます。

**PART1　スタンダードレイアウト**

http://www.shoeisha.com/book/hp/mcoding/1/

**PART2　グリッドレイアウト**

http://www.shoeisha.com/book/hp/mcoding/2/

**PART3　シングルページレイアウト**

http://www.shoeisha.com/book/hp/mcoding/3/

また、これらのサンプルファイルは以下のURLからダウンロードできます。詳細はPART0の「ダウンロード」（P.6）を参照してください。

http://www.shoeisha.co.jp/book/download/9784798141572

# PART 

## イントロダクション

# A 本書で作成するサイト

## PART1　スタンダードレイアウト

Webサイトに一番多く見られるベーシックなレイアウトのサイトを作成します。

図A.1　PART1で作るスタンダードレイアウト

- HTML5の新要素
- アウトライン

サイトプレビュー http://www.shoeisha.com/book/hp/mcoding/1/

## PART2 グリッドレイアウト

ブラウザの横幅が変わるとブロックが自動で移動する可変グリッドレイアウトのサイトを作成します。

図A.2 PART2で作るグリッドレイアウト

### こんなことが学べます

- 可変グリッドレイアウトライブラリ
- CSSアニメーション

サイトプレビュー http://www.shoeisha.com/book/hp/mcoding/2/

# PART3　シングルページレイアウト

PCとスマートフォン両方に対応したシングルページレイアウトのサイトを作成します。

A

本書で作成するサイト

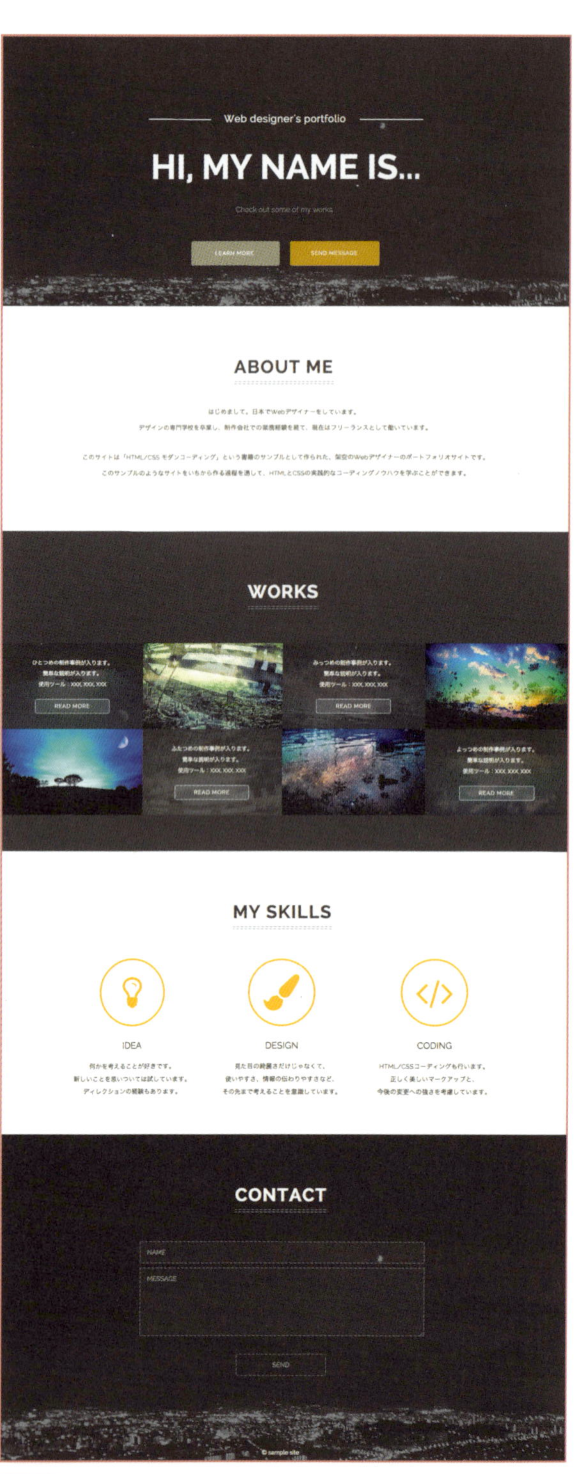


図A.3　PART3で作るシングルページレイアウト

スマートフォン表示

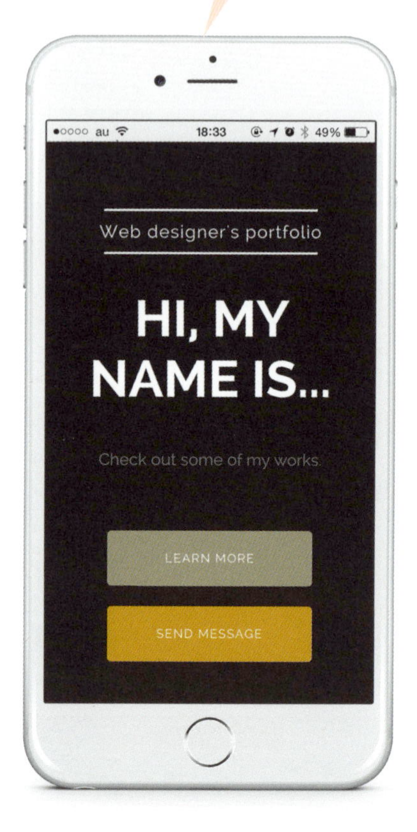

### こんなことが学べます

- レスポンシブWebデザイン
- Webフォント

サイトプレビュー http://www.shoeisha.com/book/hp/mcoding/3/

## 対応ブラウザ

本書で作成するサイトの対象ブラウザは以下のとおりです。

- Internet Explorer 9以上
- Google Chrome
- Firefox
- Safari
- PART3のみ Mobile Safari、Chrome to Mobile、Android Browser（Android 4.1以降）

Internet Explorer 8（以下、IE8）は2016年1月12日にMicrosoftのサポート対象から外れ、セキュリティの更新やテクニカルサポートが提供されなくなるため、IE8の利用者は期日までに各OSでの最新のIEにアップグレードするよう呼びかけられています。

本書の執筆時点でもStatCounter※1によるIE8の国内シェアはすでに5%を下回っており、加えて2016年の公式サポート終了によってIE8やそれ以下のレガシーブラウザは今後ますます使われなくなっていくことが明らかです。そのため、本書ではそれらのブラウザを対象ブラウザから除外しています。

HTML5に対応していないレガシーブラウザを除外することによってコーディングに使える要素や機能がぐっと多くなるとともに、レガシーブラウザでの表示をフォローするための工夫が不要になるため、軽量で効率的なコーディングを行なうことができるようになります。これまでは比較的モダンとされていたこのようなコーディングが、IE8のサポート終了以降はもはやモダンではなくスタンダードになっていくでしょう。

レガシーブラウザでの表示に考慮したサンプルのある書籍はこれまでにたくさん出版されてきました。本書ではあえてレガシーブラウザをサポートしないコーディングを紹介しています。本書が、これからのスタンダードとなるモダンなコーディングを始めるきっかけになればと願っています。

---

※1　300万サイトのアクセスをベースとした統計データ。http://gs.statcounter.com/

# B コーディングの進め方

## ダウンロード

本書で取り扱っているサンプルファイルは以下のURLからダウンロードできます。

http://www.shoeisha.co.jp/book/download/9784798141572

PARTごとに1つずつ、計3つのフォルダが入っています。各フォルダのindex.htmlをダブルクリックもしくはブラウザにドラッグすると、サンプルを表示することができます。

本文と一緒にコーディングを進めていく場合には、一度index.htmlとcss/style.cssを開いて中身を空にしてから、本文に沿ってコーディングを進めてください。

### サンプルサイトで使用している画像について

サンプルサイトの中に含まれる画像は以下のサービスから使用させていただきました（敬称略）。

ダウンロードファイルの中に含まれる画像は学習用途でのサンプルサイトの制作／表示確認以外に使用しないでください。Webサイト制作においてこれらの画像が必要な場合にはご自身で各サービスの利用規約を確認・同意のうえ、必要な画像をご自身でダウンロードしてご利用ください。

**フリー写真素材ぱくたそ** URL http://www.pakutaso.com

| | |
|---|---|
| PART1　スタンダードレイアウト | ・hot-topic.jpg<br>・article.jpg<br>・ranking.jpg |
| PART3　シングルページレイアウト | ・building.jpg<br>・lake.jpg<br>・sky.jpg<br>・tree.jpg |

**[PHOTO STOCKER] 高解像度のフリー写真** URL http://photo.v-colors.com

| | |
|---|---|
| PART3　シングルページレイアウト | ・bg.jpg |

**FOODIESFOOD** URL https://foodiesfeed.com

| | |
|---|---|
| PART2　グリッドレイアウト | ・logo.pngを除くすべての画像 |

# コーディングの前知識と注意点

## コーディングの前知識

本書の解説で使用するHTMLとCSSの各部の名称については以下のとおりです。

HTML　<要素名 属性="値">テキスト</要素名>

CSS　セレクタ { プロパティ : 値; }

図B.1 HTML/CSSの各部名称

以下のCSSの基本的なセレクタについては本編の中では解説を省きます。

表B.1 CSSの基本的なセレクタ

| | |
|---|---|
| p | 要素型 |
| .sample | クラス |
| #sample | id |

また、解説の中である要素を示したいときにはCSSのセレクタと同様の表現を使用します。

例 ロゴのコーディングに入る前に、デザインに従って.headerにスタイルをあてておきましょう。

上記の場合、.headerとはheaderというクラスがつけられた要素を指します。

## コーディングするうえでのポイント

CSSコーディングの際に意識すると保守性が高まるポイントを紹介します。本書で扱うサンプルサイトも以下のポイントを踏まえて制作されています。

### 要素名にスタイルを指定しない

一度コーディングが終わっても、あとから部分的な仕様の変更や対象ブラウザの変化などによってHTMLのマークアップが変更される場合があります。そのような場合に要素名に対してスタイルを指定していると、HTMLの編集と同時にセレクタを変更するためにCSSファイルも修正しなくてはならなくなります。

古いHTML

```
<div class="container">
  <h1>サンプルタイトル</h1>
  <p>サンプルテキスト</p>
</div>
```

要素に直接CSSを指定

```
.container h1 {
  color: red;
}
```

HTMLの変更

```
<h1>もっと重要なタイトル</h1>
<div class="container">
  <h2>サンプルタイトル</h2> ──→ 変更
  <p>サンプルテキスト</p>
</div>
```

スタイルが変わらなくてもCSSセレクタを変更

```
.container h2 { ──→ 要変更
  color: red;
}
```

しかし、要素名ではなくクラスに対してスタイルを指定しておけば、HTMLに多少の変更があってもCSSがその影響を受けにくくなるので保守性が上がります。

古いHTML

```
<div class="container">
  <h1 class="heading">サンプルタイトル</h1>
  <p>サンプルテキスト</p>
</div>
```

クラスにCSSを指定

```
.heading {
  color: red;
}
```

HTMLの変更

```
<h1>もっと重要なタイトル</h1>
<div class="container">
  <h2 class="heading">サンプルタイトル</h2> ──→ 変更
  <p>サンプルテキスト</p>
</div>
```

CSSは変更の必要がない

```
.heading {
  color: red;
}
```

ただし、a要素、input要素、textarea要素など「その要素でないと機能が成り立たない」場合は要素の種類が変わる可能性が低いため、要素名に直接スタイルを指定するデメリットも小さくなります。

a要素へのCSS指定

```
a {
  color: blue;
}
```

### CSSのセレクタにはIDではなくクラスを使用する

CSSのセレクタにはクラスの他にIDも使用できますが、IDを避けたほうがよい理由が3つあります。

#### ① スタイルの使い回しができない

IDはクラスと違って、同じページの中では1つのIDを複数回使えないという決まりがあります。

間違い

```
<div id="container"></div>
<div id="container"></div>
```

そのため、IDにスタイルを指定してしまうとそのスタイルは1つのページの中で一度まででしか使用できなくなってしまいます。最初のデザインではそれで問題なくても、後々の改善で同じデザインの要素を増やす必要がでてきたときに問題になります。

#### ② スタイルの上書きが難しい

CSSには詳細度という概念があります。詳細度とは、スタイルが適用される優先順位を決める仕組みです。詳しい解説は本編の中で取り上げています。

参照 セレクタの詳細度→P.155

IDはクラスよりも詳細度が高いので、IDで指定したスタイルはあとからクラスで指定したスタイルで上書きすることができません。

IDの使用例　HTML

```
<div id="sample" class="text-right"></div>
```

IDの使用例　CSS

```
#sample {
  text-align: center;
}
.text-right {
  text-align: right;  → 上書きできない
}
```

このようにIDで指定されたスタイルがあると考慮すべきことが増えてしまいます。クラスのみを使用していればスタイルの上書きや打ち消しが必要になったときも比較的単純に解決できます。

#### ③ HTMLやJavaScriptと影響範囲を分離する

CSSセレクタはスタイルを指定したい要素をCSSから特定するためのものですが、要素の特定が必要な場面はCSS以外でも発生します。HTMLでページ内の特定の場所を指定してリンクする場合にはIDを使いますし、JavaScriptの処理で特定の1つの要素を取得したい場合にもIDを使用すると効率がいいです。前述したIDのルールに従い同じIDの要素が複数存在しないことを前提にできるので、絞り込みや重複確認をせずピンポイントで1つの要素を特定できるからです。

そこで、IDはHTML、JavaScriptからの特定に使用し、CSSセレクタでは使用しないというようにルールを作ると、影響範囲を分離できるので管理がしやすくなるメリットがあります。

## リセットCSSについて

本書で扱うサンプルサイトでは、解説の中で記述していくstyle.cssの前に「リセットCSS」と呼ばれるCSSファイルを読み込んでいます。

Webサイトを閲覧するブラウザは、それぞれ「ユーザーエージェントスタイルシート(UAスタイルシート)」と呼ばれるスタイルシートを持っています。ここには「h1要素は大きめの文字で太字」「p要素のまわりに間隔をあける」「ul要素にはリストマークをつける」など、デフォルトで適用されるスタイルシートが記述されています。そのおかげで、CSSが一行も書かれていないHTML文書もある程度読みやすく表示することができます。

CSS指定のないHTML文書

```
<h1>果物の種類</h1>
<p>果物の種類を紹介します。</p>
<ul>
  <li>りんご</li>
  <li>みかん</li>
</ul>
```

果物の種類

果物の種類を紹介します。

- りんご
- みかん

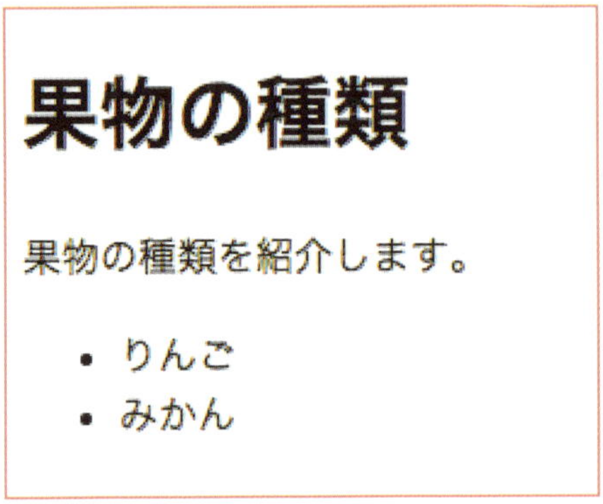

図B.2 ブラウザでの表示

便利なUAスタイルシートですが、次に挙げるような問題点もあります。

- ブラウザごとにUAスタイルシートがあるため、適用される値のずれにより同じHTMLでもブラウザ間で表示が異なってしまう

- これから自分で書いていくスタイルとUAスタイルシートの間に食い違いがあると、UAスタイルシートの不要なスタイルをわざわざ打ち消さなければならない

これらの問題を解決してくれるのがリセットCSSです。リセットCSSは各ブラウザのUAスタイルシートを一部リセットするためのCSSで、このCSSを読み込むとUAスタイルシートによる装飾がある程度まで打ち消され、ブラウザ間の差異をなくすことができます。

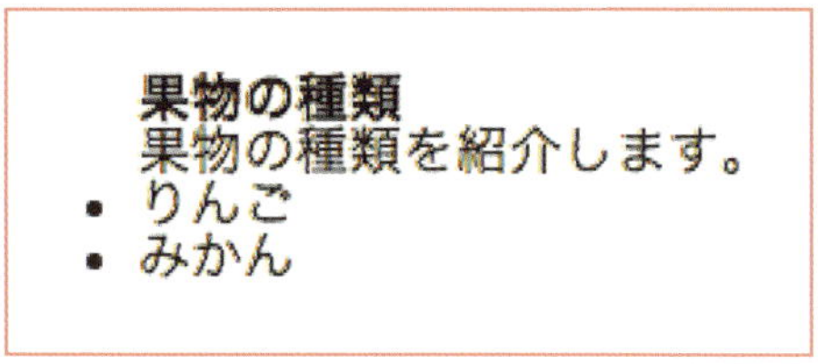

果物の種類
果物の種類を紹介します。
• りんご
• みかん

図B.3 reset.cssを読み込んだ場合の表示

もう1つ似たものとして、「normalize.css」というCSSもあります。こちらもブラウザ間での表示の差異をなくすという目的はreset.cssと同じですが、「リセット（初期化）」ではなく「ノーマライズ（統一する）」という名前のとおり、UAスタイルシートの装飾を極力活かしながらブラウザ間の差異のみを埋めていくというアプローチが異なります。

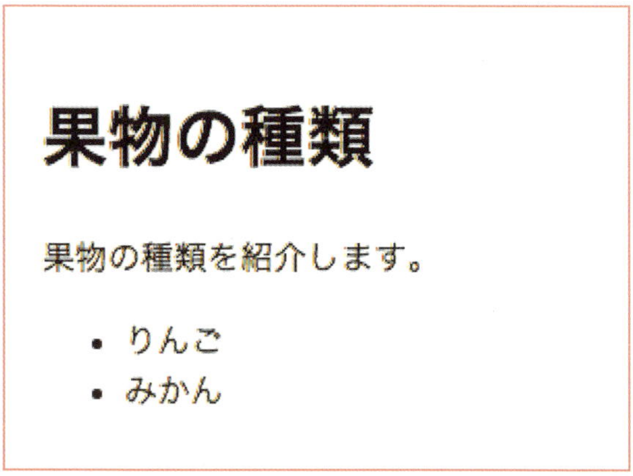

果物の種類

果物の種類を紹介します。

• りんご
• みかん

図B.4 normalize.cssを読み込んだ場合の表示

UAスタイルシートを活かせそうなサイトデザインであれば、こちらのCSSを読み込んだほうがコーディングの効率がよくなる場合もあります。

本書ではPART1とPART2ではreset.cssを、PART3ではnormalize.cssを利用しています。

C

# デベロッパーツールの使い方

HTML/CSSコーディングを進めるときにはブラウザのデベロッパーツール（開発者向けツール）を使用して確認すると便利です。デベロッパーツールはPC向けブラウザのほとんどに用意されていますが、ここではGoogle Chromeのデベロッパーツールを使用したコーディングの確認の仕方を簡単に紹介します。



**注意**

スクリーンショットや操作説明は執筆時点のものです。デベロッパーツールの仕様は今後変更される可能性があります。

## デベロッパーツールの起動

まず、確認したいページをGoogle Chromeで開きます。

Windowsであれば［F12］キー、Macであれば［Command］＋［Option］＋［I］キーを押すことでデベロッパーツールを起動できます。

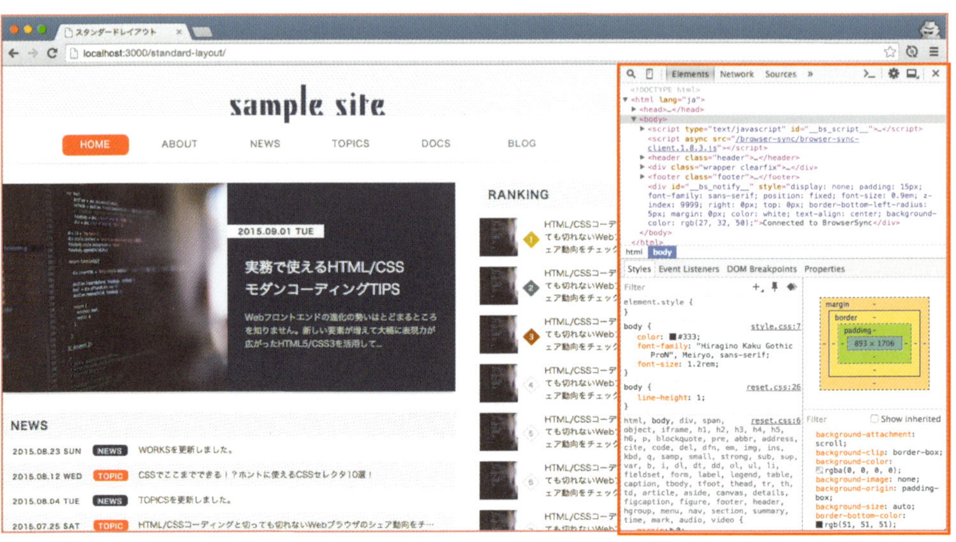


図C.1 デベロッパーツールを起動する

また、ページの上で右クリックし、［要素の検証］から起動することもできます。

## 要素の検証

起動したデベロッパーツールの左上に虫眼鏡のアイコン があります。クリックすると青くハイライトされ、その状態でページの上をマウスで動かすとマウスポインタの下にある要素がハイライトされます。

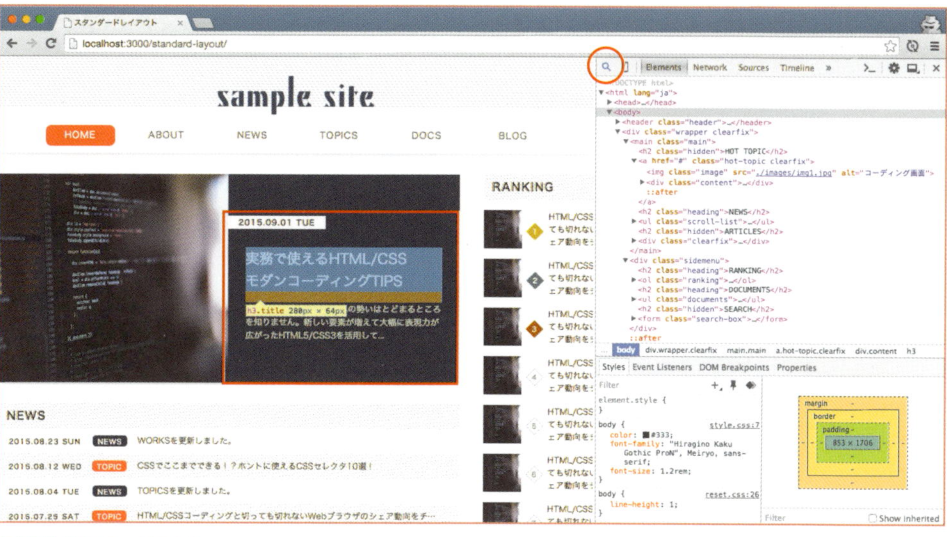

図C.2 要素のハイライト

クリックするとその要素が選択され、デベロッパーツール内で詳細な情報を見ることができます。

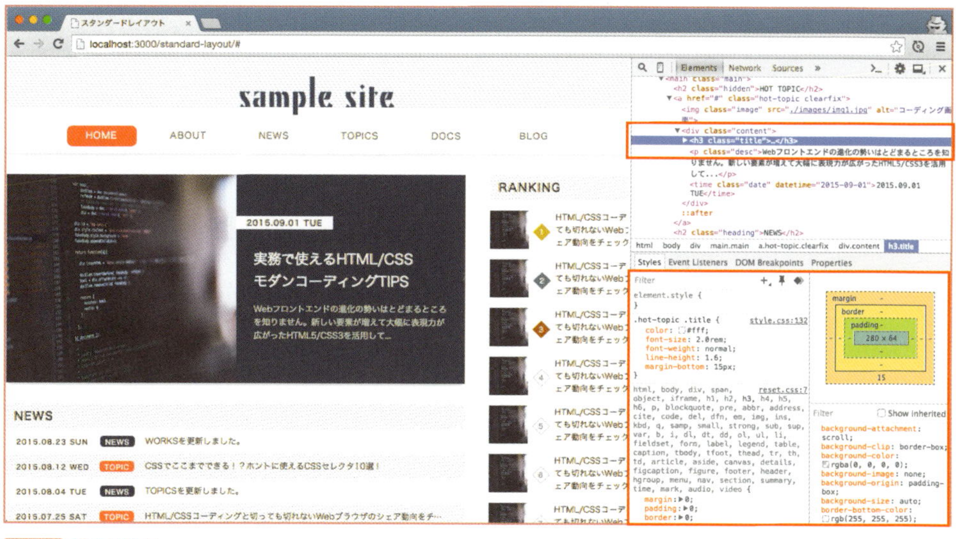

図C.3 要素の詳細

PART 0 / PART 1 / PART 2 / PART 3 / APPENDIX

## 選択した要素の確認

デベロッパーツールに表示される情報を大まかに説明します。

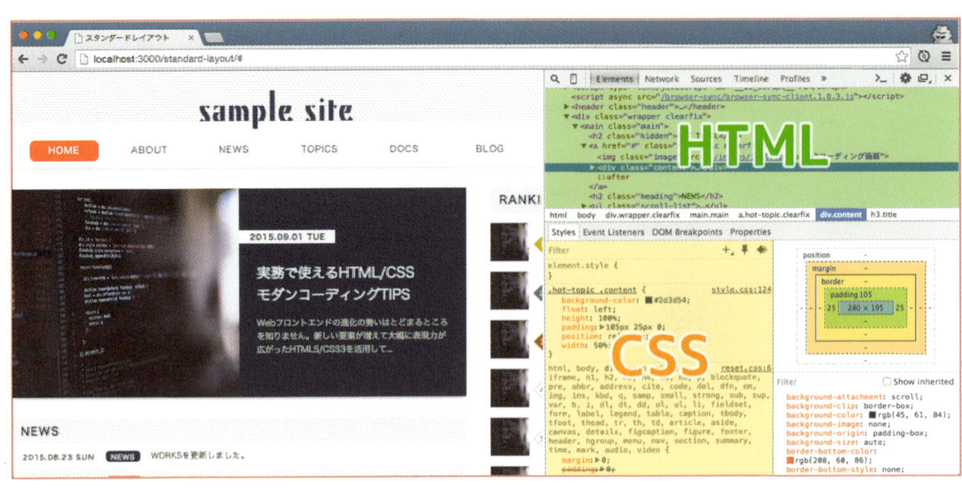


図C.4 要素の詳細表示の内容

図のとおり、上半分にHTMLの構造、下半分に現在選択している要素に適用されているCSSが表示されています。下半分の右側では要素のサイズがmargin、border、paddingなどの項目ごとに確認できるようになっています。

デベロッパーツール内のHTMLとCSSのコードはダブルクリックで編集することができ、編集内容はリアルタイムにページの表示に反映されます。

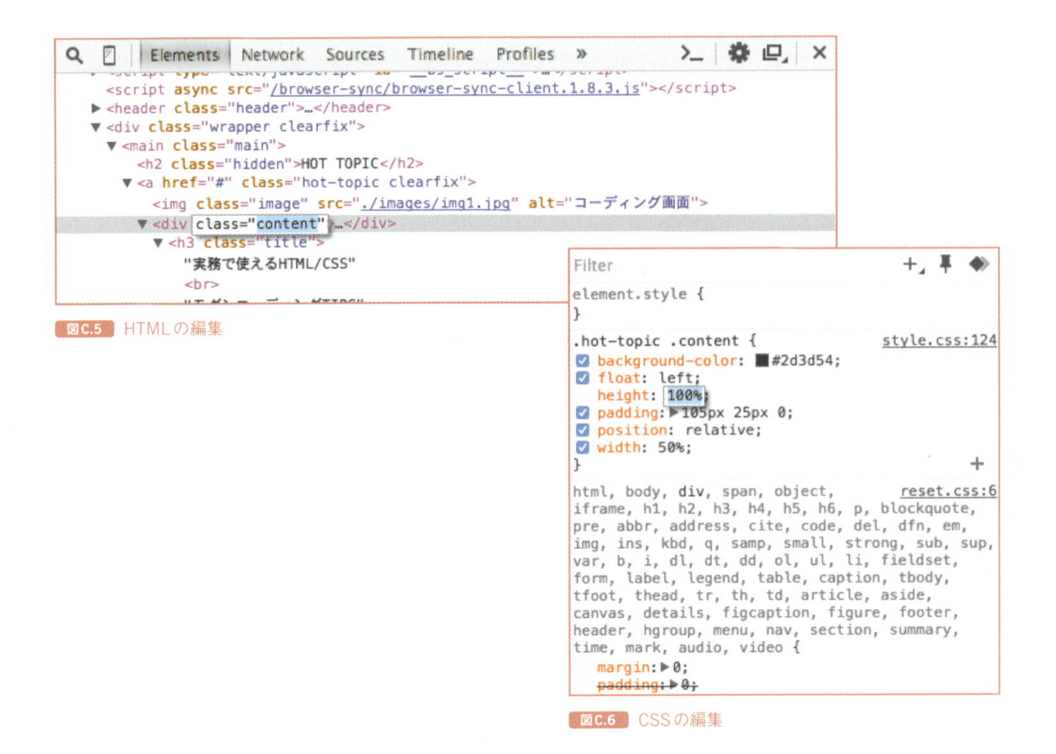


図C.5 HTMLの編集

図C.6 CSSの編集

CSSの各プロパティの左についているチェックボックスを付け外しすることで、そのプロパティの有効／無効を切り替えることができます。そのプロパティがどのように影響しているのかを確認するときに便利です。

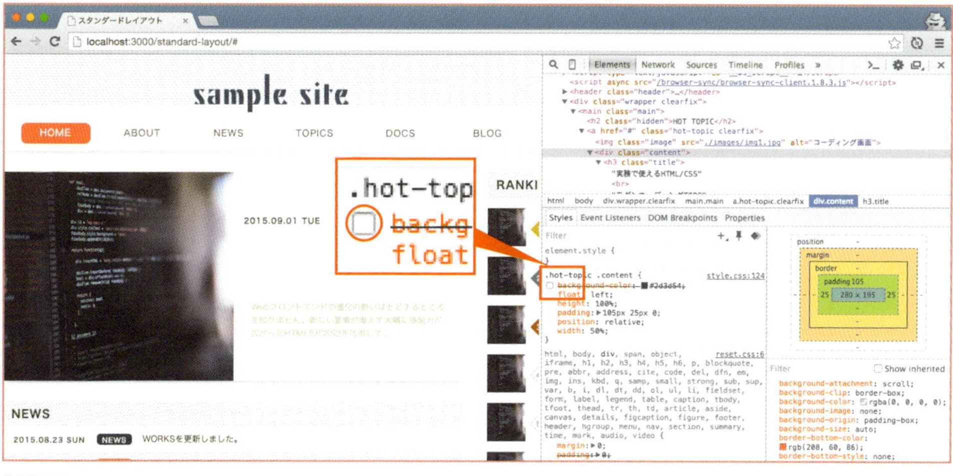


図C.7 プロパティの有効／無効切り替え

リンクのホバーなど特定の状態のCSSを確認したいときには、要素を選択して右クリックメニューの［Force Element State］から確認したい状態を選択します。すると、要素の左端にマークがつき、ブラウザが擬似的にその状態を保ってくれるのでホバーしていなくてもホバー状態のCSSを確認することができます。

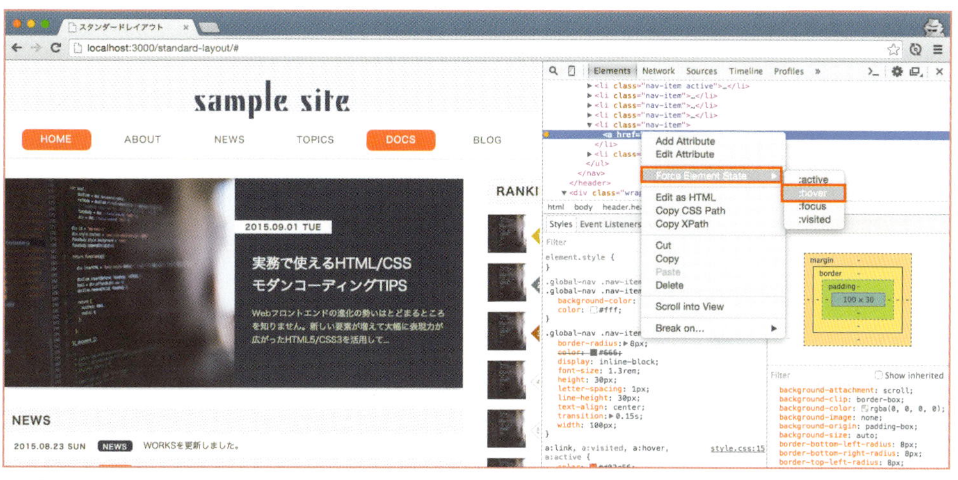


図C.8 特定の状態のCSSを確認

デベロッパーツールには他にもさまざまな機能があり、うまく活用できるとコーディングの効率が何倍も変わってきます。コーディング中につまずいたときにはデベロッパーツールで調査してみましょう。

# D 本書の読み方

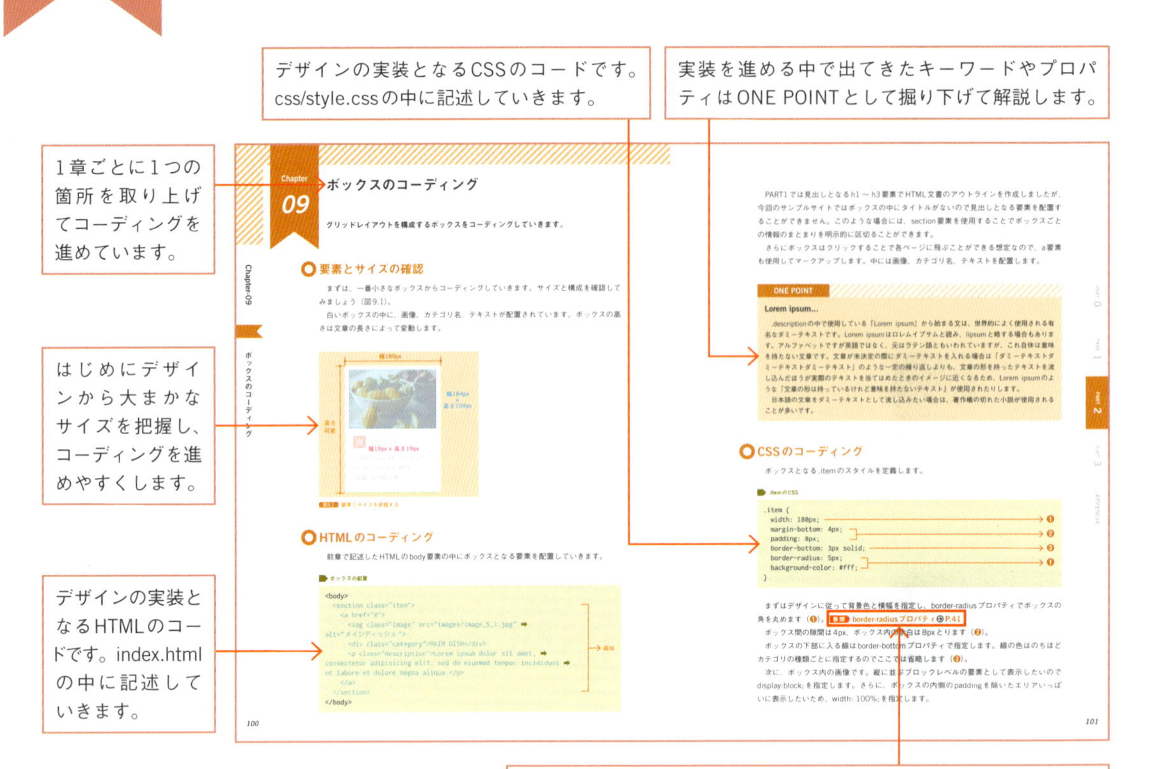



## 謝辞

本書を執筆するにあたって、貴重なご意見をくださったレビュアーの方々に感謝いたします。現役のエキスパートとしてのご経験から鋭い指摘や的確なアドバイスをくださった谷拓樹さん、@nakajmgさん、川上静香さん、ひらいさだあきさん、今井貴之さん、アシアル株式会社 坂本さん。HTML/CSSコーディングに慣れたいというデザイナーやバックエンドエンジニアの立場から素直なご意見をくださった@_Yasuun_さん、大内智子さん、高橋マオさん。皆様のフィードバックによって、本書をよりわかりやすく適切な内容へと大幅に磨き上げることができました。皆様のご協力がなければ本書はありませんでした。この場を借りて心より御礼申し上げます。

また、本書を執筆する貴重な機会を与えてくださったアシアル株式会社と、業務と執筆を両立できる環境で執筆を支えてくださった株式会社グッドパッチにも感謝いたします。

# PART 1

## スタンダードレイアウト

Chapter 01

# このPARTで作るサイト

**このPARTでは、一番スタンダードなレイアウトのサイト制作を通してHTML5でのマークアップの仕方やHTML/CSSコーディングの流れをつかんでいきます。**

## スタンダードレイアウト

このPARTで作成するサイトのデザインを確認してみましょう。

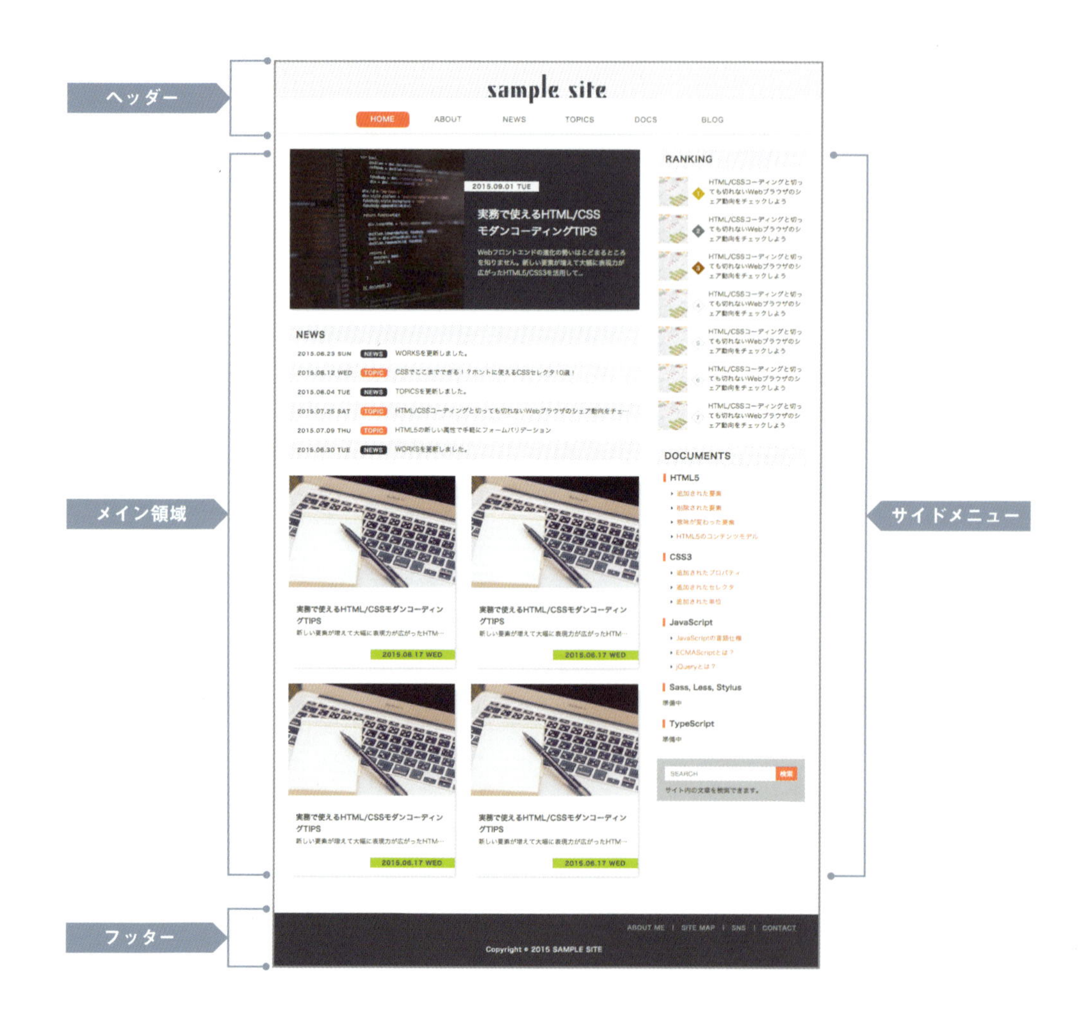


## このレイアウトの特徴

世の中にはさまざまな形のWebサイトがありますが、その中でも多くのサイトに当てはまるのが「ヘッダー、フッター、サイドメニュー、メイン領域」を持つレイアウトです。

サイト内で共通となるヘッダー、フッター、サイドメニューにサイト内の各コンテンツへのリンクを配置することで、すべてのページから効率的に各コンテンツへの導線を引くことができるため、ポータルサイト、コーポレートサイト、ショッピングサイト、ニュースサイト、ブログなど情報量が多くページ数の多いサイトに向いています。

閲覧者にとっても見慣れたレイアウトなので、どこがメインのコンテンツであるのかが直感的にわかり、視線が迷うことが少ないです。その反面、第一印象のインパクトには欠けるため、トップページは個性的なレイアウトで印象的なビジュアルにし、下層ページからこのスタンダードなレイアウトに切り替えるパターンも見られます。

図1.1 沖縄美ら海水族館 (H27年現在のHP)

図1.2 アシアルブログ

## サイトを構成する要素

### ヘッダー

- サイトロゴ
- ナビゲーションメニュー

### メイン領域

- 特集コンテンツ
- 更新履歴
- 記事ブロック

### サイドメニュー

- ランキング
- ドキュメントリスト
- 検索ボックス

### フッター

- フッターメニュー
- コピーライト

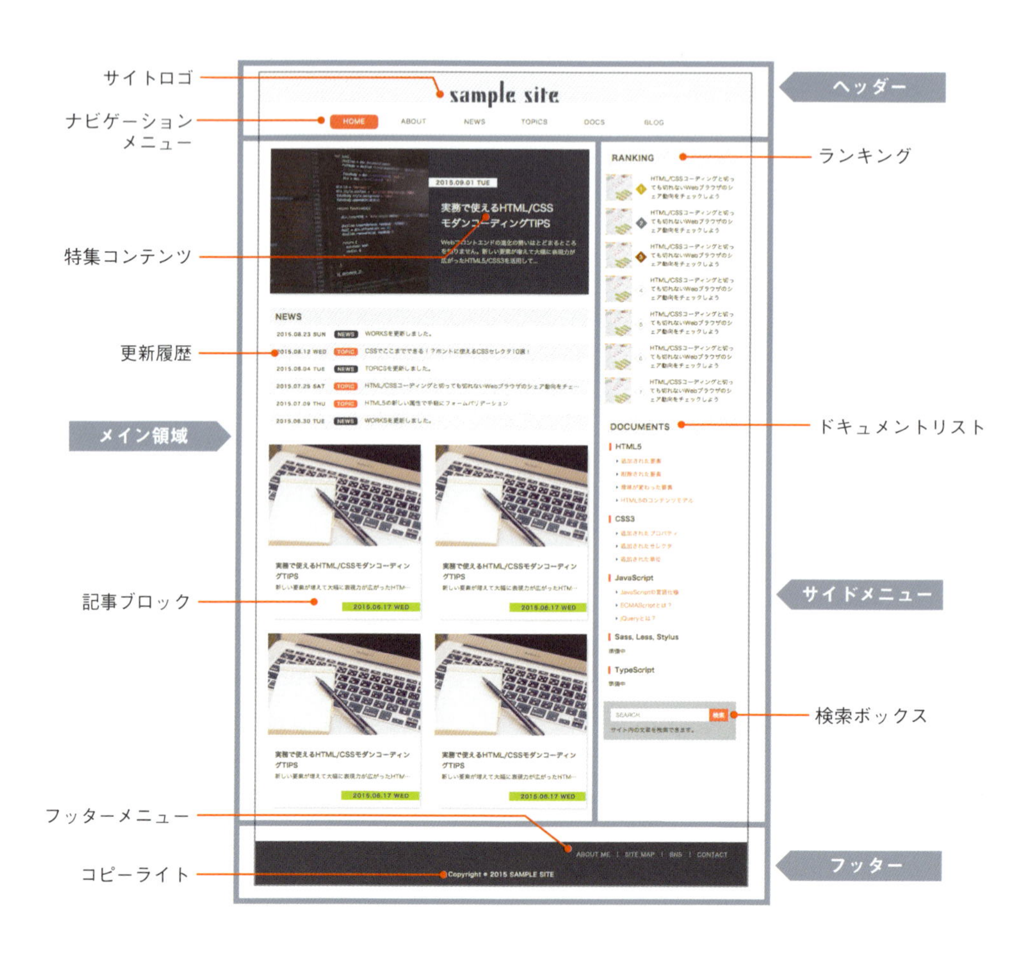


今回はこのスタンダードなレイアウトで、Webフロントエンド技術の情報サイトのトップページを作成していきましょう。

Chapter 02

# ベースのコーディング

**それぞれの箇所のコーディングに入る前に、サイト全体に影響する部分のコーディングを行ないます。**

## ファイル構成

今回作成するスタンダードレイアウトサイトのファイル構成を確認しましょう。

ベースになるファイルは、翔泳社のダウンロードサイトで配布しています。P.6の「ダウンロード」に従い、ファイルをダウンロードしてください。css/reset.cssとimages/以下のファイルはダウンロードしたファイルをそのまま使用します。

参照 リセットCSSについて➔P.10

メインとなるindex.htmlとcss/style.cssをこれから記述していきましょう！

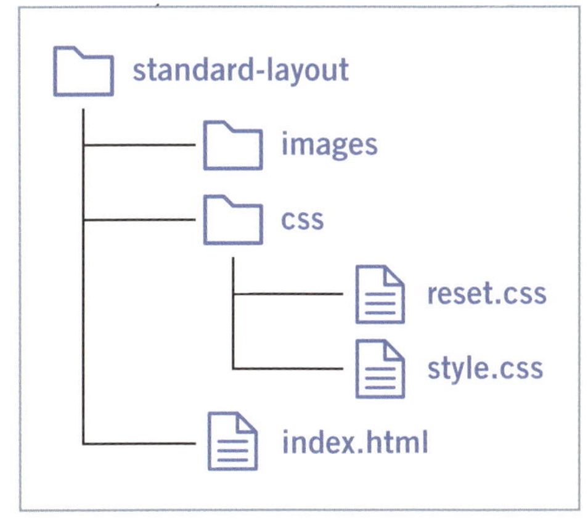


図2.1 スタンダードレイアウトサイトのファイル構成

## 要素とサイズの確認

サイトを構成する要素とサイズを確認してみましょう。

ヘッダー、メイン領域、サイドメニュー、フッターの4つの要素から構成されることと、各要素のサイズ、マージンが把握できました。中身を作り始める前に、それぞれの要素の枠組みとレイアウトを定義してみましょう。

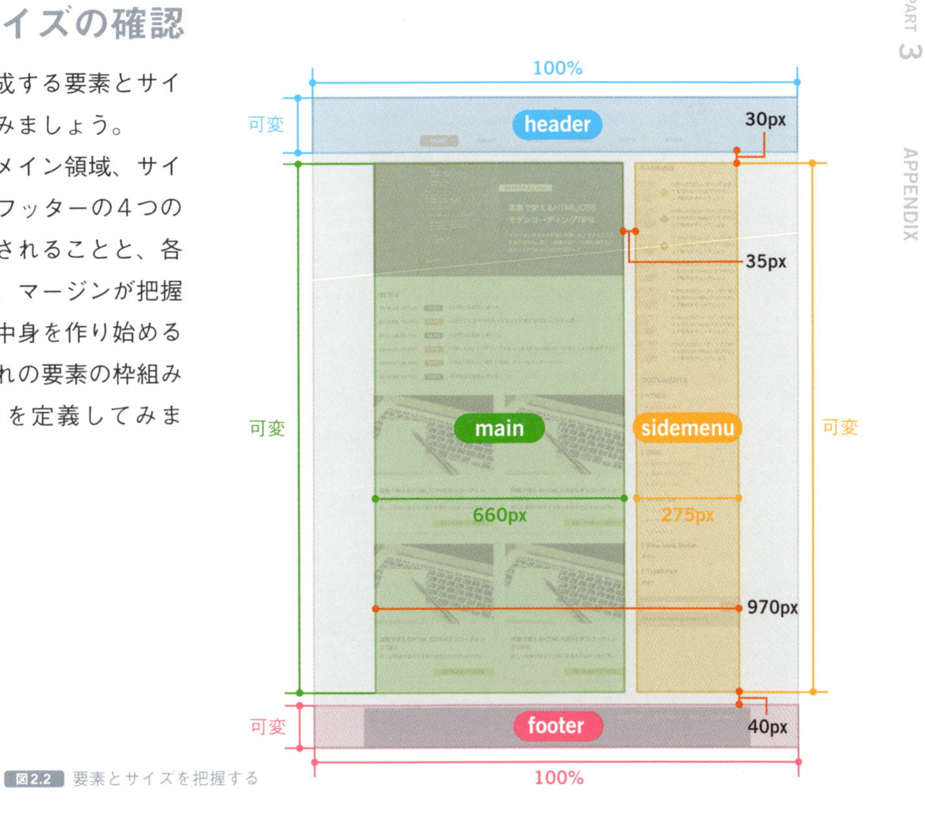


図2.2 要素とサイズを把握する

## HTMLコーディング

最初のPARTなので、まずは一番初めにHTMLのベースとなるひな形を確認してみましょう。その前に、HTML文書の基本構造について簡単におさらいします。

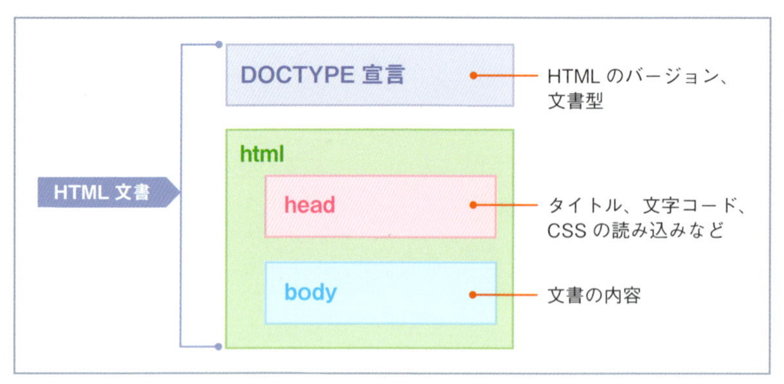


図2.3 HTMLの基本構造

最初にDOCTYPE宣言を記述し、その文書で使用するHTMLのバージョンや種類を宣言します。続くhtml要素の中にhead要素とbody要素が入ります。

head要素の中にはタイトル、文字コードなど文書に関するヘッダー情報を記述し、body要素の中には実際に表示する文書の内容を記述するというのがHTML文書の基本的な構造になります。

以上を踏まえた基本的なひな形をHTML5で記述すると、以下のようになります。

**すべてのPARTで共通するベースのHTML**

```
<!DOCTYPE html> ————→ ❶
<html lang="ja"> ————→ ❷
  <head>
    <meta charset="UTF-8"> ————→ ❸
    <title>サイトタイトル</title>
  </head>
  <body>
  </body>
</html>
```

先頭行のDOCTYPE宣言により、この文書をHTML5で記述することを宣言しています（❶）。HTML5ではhtml要素にlang属性を使用して文書の言語を指定することが推奨されています。日本語のページであればjaを指定します（❷）。また、HTML5では文字コードにUTF-8を使用することが推奨されていますので、文字コードを指定するcharset属性にはUTF-8を指定します（❸）。

ONE POINT

### シンプルになったHTML5の記述

HTML5からはDOCTYPE宣言やmeta要素、外部ファイルの読み込みを簡潔に書けるようになりました。

| HTML4 | HTML5 |
|---|---|
| <!DOCTYPE HTML PUBLIC "-//W3C//DTD HTML 4.01 Transitional//EN" "http://www.w3.org/TR/html4/loose.dtd"> | <!DOCTYPE html> |
| <meta http-equiv="Content-Type" content="text/html; charset=utf-8"> | <meta charset="UTF-8"> |
| <script type="text/javascript" src="main.js"></script> | <script src="main.js"></script> |
| <link rel="stylesheet" type="text/css" href="main.css"> | <link rel="stylesheet" href="main.css"> |

このひな形を使ってコーディングを始めていきます。使用するCSSファイルをhead要素の中で読み込み、先ほど把握した大枠の要素をbody要素の中へ配置していきます。

**スタンダードレイアウトサイトのベースになるHTML**

```
<!DOCTYPE html>
<html lang="ja">
  <head>
    <meta charset="UTF-8">
    <title>スタンダードレイアウト</title>
    <link rel="stylesheet" href="css/reset.css">    追加
    <link rel="stylesheet" href="css/style.css">
  </head>
  <body>
    <header class="header">
    </header>
    <div class="wrapper">
      <main class="main">
      </main>
      <div class="sidemenu">                           追加
      </div>
    </div>
    <footer class="footer">
    </footer>
  </body>
</html>
```

body要素内にヘッダー、メイン領域、サイドメニュー、フッターになる要素を配置しました。メイン領域とサイドメニューを横並びにするため、その2つを囲む.wrapperというdiv要素も定義しています。

いまの時点でページを見てみると、内容がなく高さが0の要素があるだけなのでなにも表示されていません。ここからCSSで大枠のレイアウトを組んでいきます。

ONE POINT

### header、footer、main要素

HTML5ではいくつかの新しい要素が追加されました。先ほどのHTML内で使用したheader、footer、main要素もHTML5で追加された新しい要素です。header要素は「あるまとまりの中でヘッダーになる情報」を意味する要素なので、サイト全体のheaderの他にもサイト内に置かれる記事の1つ1つに対してヘッダーになる情報をマークアップすることができます。footer要素も同様に、「あるまとまりの中でフッターになる情報」をマークアップします。main要素は「そのページの中でメインになるコンテンツ」をマークアップするための要素なので、header要素やfooter要素とは違って1つのページ内で1回しか使用できないという制約があります。

Internet ExplorerやAndroidの古い機種はmain要素に対応しておらず、未知の要素としてインラインレベルで表示されてしまうため、CSSでの幅や高さの指定が効きません。対策として、display: block;を指定することで想定した表示になります。

参照 ブロックレベル要素とインライン要素→P.50

## CSSコーディング

先ほど配置した1つ1つの要素をデザインと同じ位置、サイズに揃えてみましょう。

ベースになるレイアウトのCSS

```
.header {
  width: 100%;                  → ❶
}
.wrapper {
  width: 970px;                 ┐
  margin: 30px auto 40px;       ┘→ ❷
}
.main {
  display: block;               → ❸
  float: left;                  ┐
  width: 660px;                 ┘→ ❹
}
.sidemenu {
  float: right;                 ┐
  width: 275px;                 ┘→ ❹
}
.footer {
  width: 100%;                  → ❶
}
```

.headerと.footerは画面幅いっぱいに伸びるデザインなので、width: 100%;で端まで領域を伸ばします（❶）。.wrapperは横幅が決まっているので横幅を指定し、marginプロパティの左右の値にautoを指定して中央寄せにします（❷）。

ONE POINT

### margin プロパティ

マージンとは、要素の外側の余白です。要素は余白のぶんだけ他の要素から離れて配置されます。

marginプロパティは、上下左右のマージンをまとめて指定できるショートハンドプロパティです。値は1つから4つまで指定でき、値の個数と順番によって適用される位置が変わります。

```
margin: 10px;               → 上下左右のmarginが10px
margin: 10px 20px;          → 上下のmarginが10px、左右のmarginが20px
margin: 10px 20px 30px;     → 上が10px、左右が20px、下が30px
margin: 10px 20px 30px 40px; → (時計回りに) 上が10px、右が20px、下が30px、左が40px
```

上下左右のマージンはmargin-top、margin-right、margin-left、margin-bottomプロパティで個別に指定することもできます。値はautoもしくは数値と単位で指定します。数値には負の値を指定することもでき、負の値のマージンはネガティブマージンと呼ばれます。

div要素などのブロックレベルの要素を親要素に対して横方向に中央寄せしたい場合は、その要素の左右のマージンの値をautoにすることで左右のマージンが同じ幅になり、中央寄せにできます。

また、隣接する要素のマージンは相殺されるので注意が必要です。マージンが20pxの要素同士が隣接してもその間隔は40pxではなく20pxになります。マージンの相殺については次章にて詳しく解説しています。参照 マージンの相殺→P.38

.mainにはInternet Explorerでもブロックレベルの要素として表示されるようにdisplay: block;を指定します(❸)。参照 ブロックレベル要素とインライン要素→P.50

.mainと.sidemenuにはそれぞれ横幅を指定し、横並びにするためにfloatプロパティを使用し左と右に寄せます(❹)。

これで横並びになりますが、floatプロパティを使用した要素は親要素の高さに影響を与えなくなってしまうため、親である.wrapperの高さが0になってしまい、.footerが上にせり上がってきてしまいます。.wrapperにも子要素ぶんの高さを持たせるために、clearfixという手法を使用します。

ONE POINT

### floatとclearfix

ある要素の中で横並びのレイアウトを実現するためにfloatを使用すると、floatをかけた要素の高さを親要素が認識できなくなってしまい、表示が崩れる場合があります。

例として、次のレイアウトを見てみます。青い枠線の中で黄色と赤のボックスを横並びにし、その下に緑のボックスを配置するレイアウトです。

▶ floatを使用したHTMLコード

```
<div class="border">
    <div class="left"></div>
    <div class="right"></div>
```

```
</div>
<div class="bottom"></div>
```

**float を使用した CSS コード**

```
.border {
    border: 2px solid blue;
    margin-bottom: 20px;
    opacity: 0.8;
}
.left {
    float: left;
    width: 100px;
    height: 100px;
    background-color: yellow;
}
.right {
    float: right;
    width: 200px;
    height: 200px;
    background-color: red;
}
.bottom {
    width: 350px;
    height: 30px;
    background-color: green;
}
```

赤と黄色のボックスは横並びになっていますが、青い枠線（.border）からはみ出しています。.borderが中の.leftと.rightの高さを認識できず、他に内容物がないので高さが0になってしまっているためです。それにより、後続の緑のボックスも上にせり上がってしまっています。

これを解決するためにはclearプロパティを使用して.borderの子要素にかかっているfloatをclear（回り込みを解除）する必要があります。

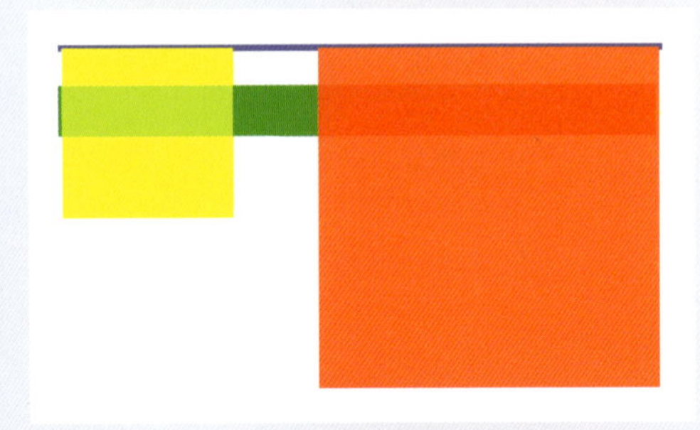

図2.A floatによる表示崩れの例

**HTML に .clear を追加**

```
<div class="border">
    <div class="left"></div>
    <div class="right"></div>
    <div class="clear"></div>   → 追加
</div>
<div class="bottom"></div>
```

▶ CSSに.clearを追加

```
/* 省略 */
.clear {
  clear: both;
  height: 10px;
  background-color: lightgreen;
}
```

→ 表示確認用

clear: both;を指定した.clearによって直前までのfloatが解除され、floatされた要素の高さを親要素が認識できるようになりました。

子要素をfloatさせる場合はclearプロパティで回り込みを解除する必要があることがわかりました。しかし、そのために毎回余分な要素とスタイルを記述するのは面倒です。先ほどの.clearを親である.borderの擬似要素で代用してみましょう。

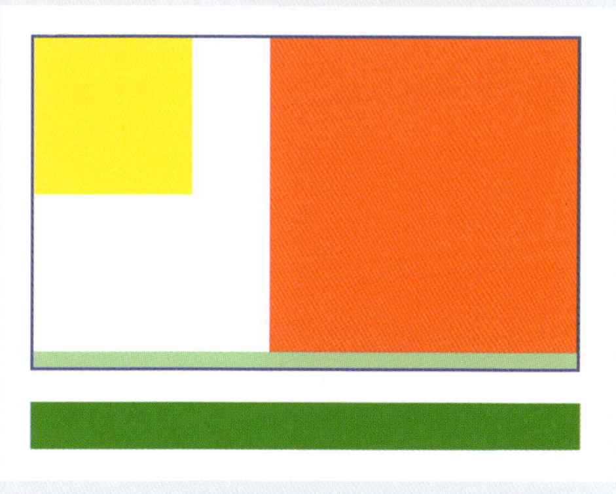

図2.B clearプロパティによる修正

▶ 擬似要素で代用したCSS

```
.border::after {
  content: '';
  display: block;
  clear: both;
}
```

擬似要素を利用することで、HTMLに余計な要素を書かなくてもよくなりました。

参照 ::before、::after擬似要素 → P.103

しかし、回り込みを解除したい親要素に毎回この記述をするのは面倒なので、専用のクラスに切り出します。

▶ CSSに専用のクラスを作る

```
.clearfix::after {
  content: '';
  display: block;
  clear: both;
}
```

▶ HTMLに専用のクラスを追加

```
<div class="border clearfix">
    <div class="left"></div>
    <div class="right"></div>
</div>
<div class="bottom"></div>
```

→ クラスを追加

これで、子要素の回り込みを解除したい親要素には「clearfix」というクラスをつけるだけで表示崩れを防げるようになりました。これがclearfixと呼ばれるテクニックの仕組みです。

clearfixを使用する以外にも、親要素にoverflow: hidden; またはoverflow: auto; を指定することでも回り込みを解除することができますが、画面サイズが変わった場合などにはみ出したコンテンツが見えなくなってしまう可能性があるため注意が必要です。

参照 overflowプロパティ→P.59

図2.C clearfixの適用

.wrapperにclearfixを適用します。

**HTMLにclearfix用のクラスを適用する**

```
<div class="wrapper clearfix">  ――→ クラス追加
  <main class="main">
  </main>
  <div class="sidemenu">
  </div>
</div>
```

**CSSにclearfix用のクラスを追加する**

```
.clearfix::after {
  content: '';
  display: block;
  clear: both;
}
```

一時的に確認用のCSSを追加してレイアウトを確認してみます。線と背景色を表示し、中身が空なので高さを指定します。

**一時的に追加する確認用CSS**

```
.header, .main, .sidemenu, .footer {
  border: 1px solid #aaa;
  background-color: #ccc;
}
.header, .footer {
  height: 100px;
}
.main, .sidemenu {
  height: 500px;
}
```

図2.4 ここまでの表示結果

これで大枠ができあがりました。

## ベースとなるCSSを定義する

大枠はできあがりましたが、要素ごとのコーディングに入る前にページ全体で共通するCSSを定義しておきましょう。最初に定義しておくべきスタイルには主に以下のようなものがあります。

- 使用するフォントの種類
- ベースとなるフォントサイズ
- テキストの文字色
- リンクの文字色

これらを踏まえて、CSSファイルの先頭に以下の定義を行ないます。先ほどの確認用CSSは削除してください。加えて、CSSファイルの先頭ではHTMLと同じくUTF-8の文字コードを指定します。

共通部分のCSS

```
@charset "UTF-8";

html {
  font-size: 62.5%;
}
body {
  color: #333;  ────────→ ❷
  font-size: 1.2rem;  ────────→ ❶
  font-family: "Hiragino Kaku Gothic ProN", Meiryo, sans-serif; ──→ ❸
}
*, *::before, *::after {
  box-sizing: border-box;  ────────→ ❺
}
a:link, a:visited, a:hover, a:active {
  color: #d03c56;
  text-decoration: none;  ────────→ ❹
}
```

ONE POINT

### rem と emの違い

font-size プロパティの値の単位に使用されることが多いのはpxやemですが、CSS3から新しくremという単位が追加されました。従来の単位であるemは親要素のfont-sizeを1とした倍率を指定しますが、remは「root ＋ em」の名前が示すとおり、ルート要素（HTML文書ならhtml要素）のfont-sizeを1とした倍率を指定します。

**通常のHTML**

```
<div class="parent">
  親要素のテキスト
  <div class="child">
    子要素のテキスト
  </div>
</div>
```

**emを使用した場合**

```
html {
  font-size: 10px;
}
.parent {
  font-size: 1.2em;   ——→ 10px(html) * 1.2 = 12px
}
.child {
  font-size: 1.2em;   ——→ 12px(.parent) * 1.2 = 14.4px
}
```

**remを使用した場合**

```
html {
  font-size: 10px;
}
.parent {
  font-size: 1.2rem;   ——→ 10px(html) * 1.2 = 12px
}
.child {
  font-size: 1.2rem;   ——→ 10px(html) * 1.2 = 12px
}
```

親要素のfont-sizeプロパティの値を意識せず、常にhtml要素に対する倍率を指定すればいいため管理が楽です。それに加えて、html要素のfont-sizeプロパティの値を変更することで、remを使用した箇所すべてのfont-sizeを相対的に変更することができるため、絶対指定の簡潔さと相対指定の柔軟性を併せ持つことができます。

基準となるhtml要素のfont-sizeには10pxとなる値を指定することで 1.2rem = 12px のように直感的な記述ができるのでおすすめです。

remを使用する際、html要素のfont-sizeは％指定されることが一般的です。主要なブラウザのデフォルトフォントサイズは16pxなので、62.5%を指定して10px相当にします。px指定ではなく％指定にしておくことで、ユーザーがブラウザの設定でデフォルトの文字サイズを変更していた場合にもある程度その設定を反映することができます。

▶ 一般に使われるrem用の定義

```
html {
  font-size: 62.5%;  → 16px × 62.5% = 10px
}
```

font-sizeプロパティ（❶）で使用しているremは、CSS3で新しく追加された単位です。

前述のCSSではフォントの大きさの指定のほか、文字色の指定（❷）、フォントの種類の指定（❸）、リンクのコーディングを行なっています。

font-familyプロパティで指定するフォントの種類についてですが、OSによってデフォルトで入っているフォントが異なるため注意が必要です。今回はMac向けにHiragino Kaku Gothic ProN、Windows向けにMeiryo（メイリオ）を指定しています。フォント名に半角スペースやマルチバイト文字（全角文字）が含まれる場合にはシングルクォーテーション（'）、またはダブルクォーテーション（"）で囲みます（❸）。

リンクはa要素にtext-decoration: none;を指定し、もともと表示されている下線を外しています（❹）。リンクの下線を外すとリンクとテキストが区別しづらくなってしまうというデメリットがありますが、今回コーディングするページではブロック単位のリンクが多いため、デフォルトで下線を外しています。

body以下のすべての要素と擬似要素に指定しているbox-sizing: border-box;（❺）については、Chapter-04の中で解説します。参照 box-sizingプロパティ➔P.52

セレクタに使用している*の記号は全称セレクタといい、すべての要素を表わします。他のセレクタと組み合わせることもできるので、*::beforeはすべての要素の::before擬似要素を表わします。

では、次の章からさっそく要素のコーディングを始めていきましょう。

**ONE POINT**

## ボックスモデル

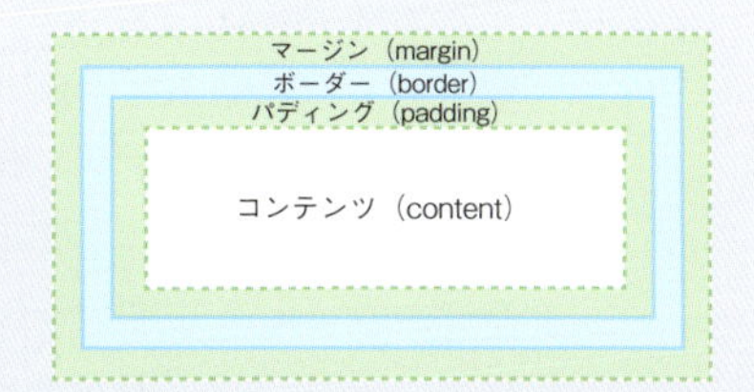


コンテンツのコーディングに入る前に、CSSのボックスモデルについておさらいしておきます。HTML文書内に配置した要素は4つの領域を持ちます。

コンテンツエリアは一番内側で、内包したコンテンツが表示されるエリアです。

パディングエリアは要素のパディングまでを含んだエリアです。パディングとは要素の内側の余白のことで、要素の外枠と内包したコンテンツとの間隔を調整できます。

ボーダーエリアは要素の枠線までを含んだエリアです。要素に背景色や背景画像を指定した場合、このボーダーエリアまで背景が適用されます。

マージンエリアは要素のマージンまでを含んだエリアです。マージンとは要素の外側の余白のことで、隣接する他の要素との間隔を調整できます。

widthプロパティとheightプロパティで指定する要素の大きさは通常コンテンツエリアの大きさになりますが、これはbox-sizingプロパティで変更することが可能です。

参照 box-sizingプロパティ➔P.52

Chapter 03

# ヘッダーのコーディング

どのページでも最初に表示される、ヘッダーをコーディングしていきます。



## 要素とサイズの確認

今回作成するサイトのヘッダーは、サイトロゴとグローバルナビゲーションというシンプルな構成です。

図3.1 要素とサイズを把握する

ロゴのコーディングに入る前に、デザインに従って.headerにスタイルをあてておきましょう。

.headerのCSS

```
.header {
  width: 100%;
  padding: 28px 0 10px;                                  ❶
  background: url('../images/bg-header.gif') repeat-x;   ❷
  box-shadow: 0 0 10px 1px #e3e3e3;                      ❸
}
```

paddingプロパティで内側の余白を指定します（❶）。さらに.headerは上1/3ほどがストライプ模様になっているので、背景画像を指定します（❷）。

使用するのは幅1pxのgif画像です。 左上端から横方向に背景画像を敷き詰めることで、幅いっぱいのストライプを表示できます。

繰り返しで表現できる背景の場合、元画像の大きさをできるだけ小さくすることでページ全体のファイルサイズを削減することができます。

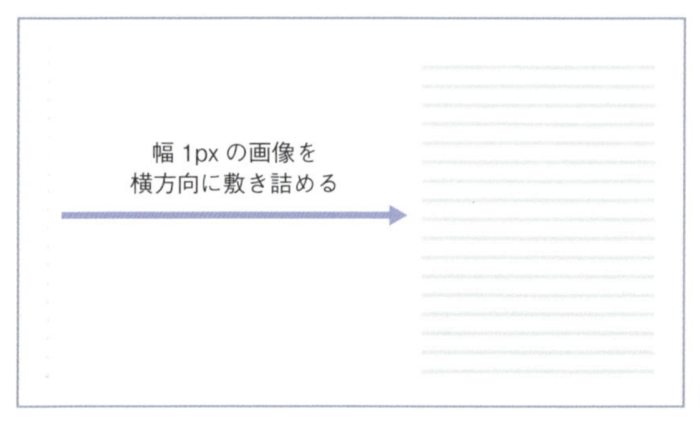


図3.2 ストライプ模様の背景を表示する

ちなみに、今回のストライプのような場合はgif画像の線と線の間を白ではなく透明にしておくことで、背景色が変わってもその色の上に灰色のストライプを表示することができます。

ONE POINT

### background プロパティ

background プロパティは、要素の背景に関わる以下のプロパティをまとめて指定できるショートハンドプロパティです。

- background-color ………背景色。初期値：transparent（透明）
- background-image ………背景画像。初期値：none（背景画像なし）
- background-repeat ………背景画像の繰り返し。初期値：repeat（縦横に繰り返す）
- background-position ………背景画像の位置。初期値：0% 0%（左上寄せ）
- background-size ………背景画像のサイズ。初期値：auto auto
  参照 background-size プロパティ ➔P.144
- background-attachment ………背景画像のスクロール有無。初期値：scroll（スクロールする）

記述する順番に決まりはありませんが、background-size だけは background-position の後にスラッシュ区切りで続けて書く必要があります。

記載しなかったプロパティは初期値が使用されるので、初期値から変更したいプロパティのみを記述するとよいでしょう。

```
.sample {
  background: url('sample.jpg') no-repeat;
}
```

上記の場合、background-image と background-repeat のみが指定されているので、以下の指定と同様になります。

```
.sample {
  background-color: transparent;       → 初期値
  background-image: url('sample.jpg');
  background-repeat: no-repeat;
  background-position: 0% 0%;          → 初期値
  background-size: auto auto;          → 初期値
  background-attachment: scroll;       → 初期値
}
```

記述していないプロパティにも初期値が適用されることに注意が必要です。次の場合、背景色は青ではなく透明になります。

```
.sample {
  background-color: blue;
  background: url('sample.jpg') no-repeat;  → background-color が blue から初期値の
                                              transparent に上書きされる
}
```

ショートハンドプロパティの内容を個別のプロパティで上書きしたい場合は必ず個別のプロパティを後に記述するようにしましょう。

```
.sample {
  background: url('sample.jpg') no-repeat;
  background-color: blue; ⟶ background-colorが初期値のtransparentから
                              blueに上書きされる
}
```

続いて.headerの下にかかっているシャドウのエフェクトを表現します。box-shadowプロパティを使用することで、画像を使わずにCSSだけで表現することができます（❸）。

ONE POINT

### box-shadowプロパティ

box-shadowプロパティで要素に影をつけることができます。

```
box-shadow: [右方向のずれ] [下方向のずれ] [ぼかしの大きさ] [拡張の大きさ] [影の色];
```

拡張の大きさの値で影を縮小／拡大することができます。
右方向のずれ、下方向のずれ、拡張の大きさには負の値を指定できます。
ぼかしの大きさと拡張の大きさの値は省略可能です。

**右下に6pxずらして10pxぼかした半透明の黒い影**

```
.sample {
  width: 200px;
  height: 200px;
  background: pink;
  box-shadow: 6px 6px 10px rgba(0, 0, 0, 0.5);
}
```

↓

図3.A 表示結果

insetキーワードを記述することで要素の内側に影をつけることもできます。

**内側に30px拡大して10pxぼかした青い影**

```
.sample2 {
  width: 200px;
  height: 200px;
  box-shadow: inset 0 0 10px 30px blue;
}
```

↓

図3.B 表示結果

また、カンマで区切ることで複数の影を指定することもできます。

**右下に4pxずらして3pxぼかした半透明な黒い影と、内側に2px拡大して20pxぼかした黄色い影**

```
.sample {
  width: 200px;
  height: 100px;
  box-shadow: 4px 4px 3px rgba(0, 0, 0, 0.5),  inset 0 0 20px 2px yellow;
}
```

↓

図3.C 表示結果

影の色にはrgbaで半透明な暗い色を指定するとより影らしくなります。

参照 rgbaでの色指定→P.203

## サイトロゴ

サイトの顔となるロゴをコーディングしていきます。サイト名はサイト全体のタイトルとなるため、見出しを表わすh1要素でマークアップされることが多いです。また、一般的にヘッダーのサイト名やサイトロゴはトップページへのリンクの役割も果たすので、h1要素の中身をa要素で囲っておきます。

サイトロゴなど、画像が明確に何らかの情報（サイトロゴの場合はサイト名）を表わしている場合は、検索エンジンのクローラーやスクリーンリーダーがその情報を読み取れるようにテキストの形式でも情報を記述しておく必要があります。具体的には、画像をimg要素で表示してその要素のalt属性の中にテキストを書く方法と、テキストはテキストとして見えない形で記述し、画像は背景画像として表示する方法があります。

今回は後者の方法で実装してみましょう。サイト名をh1要素の中に直接テキストで書いておき、画像は背景で指定します。

**サイトロゴのHTML**

```
<header class="header">
  <h1 class="logo">
    <a href="/">SAMPLE SITE</a>
  </h1>
</header>
```

→ 追加（h1要素〜</h1>）

CSSのマークアップでテキストを隠し、背景にロゴ画像を指定します。

**サイトロゴのCSS**

```
.logo {
  width: 225px;          → サイトロゴ画像の幅
  height: 56px;          → サイトロゴ画像の高さ
  margin: 0 auto;        → 中央寄せ
  background: url('../images/logo.png') no-repeat;   → ❶
  overflow: hidden;      ┐
  text-indent: 100%;     ├→ ❷
  white-space: nowrap;   ┘
}
.logo a {
  display: block;        → ❹
  width: 100%;           ┐
  height: 100%;          ┘→ ❸
}
```

.logoの背景にサイトロゴ画像を指定します（❶）。

画像の上にテキストを表示しないためのスタイルは❷です。インデント幅を指定するtext-indentプロパティの値が100%なのでテキストの左に.logo幅ぶんのインデントがとられ、テキストの折り返しを制御するwhite-spaceプロパティの値がnowrap（折り返さない）なのでテキストは折り返されずに要素の外に押し出されます。さらにoverflow:

hidden;によって要素からはみ出した内容が画面に表示されなくなるため、.logo内に記述した「SAMPLE SITE」というテキストは画面に表示されなくなります。

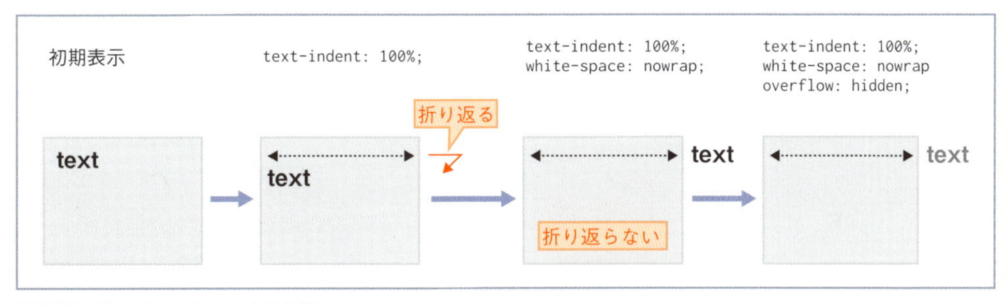


図3.3 画像の上のテキストを非表示にする

ONE POINT

### 隠しテキストはすべてペナルティ対象になる？

CSSでテキストを非表示にする際に把握しておきたいのが、「検索エンジンからペナルティを受ける可能性」です。

一部のWebサイトではSEO（Search Engine Optimization、検索エンジン最適化）の一環として、検索結果での順位を上げるために検索エンジンのためだけのキーワードを見えない状態で埋め込むという手法がとられていますが、Googleはこれを偽装行為とみなしガイドライン上で禁止しており、違反したページには検索エンジン上での順位が下がる、検索結果に表示されないなどのペナルティが与えられる場合があります。

そこから「隠しテキスト＝ペナルティ」という認識が広まり、テキストを非表示にする行為自体にネガティブな印象を持っている人もいます。しかし、本来ペナルティを受けるべきは「そのページを閲覧する人にとって不必要なキーワードを検索エンジンのためだけに見えない形で埋め込む」行為であり、「テキストを見えなくすること」そのものではありません。

実際にGoogleのガイドライン内[※1]でも、

> ランクを競っているサイトやGoogle社員に対して自分が行った対策を説明するときに、やましい点がないかどうかが判断の目安です。

と述べられています。今回はデザインの再現と適正なアウトラインを両立させるために見出しを非表示にしたので、やましい点はありません。

ただし、どこまでが安全な範囲でどこからがペナルティ対象になる範囲かということを作り手側が明確に判断することは難しいため、SEOがとても重要になるサイトを制作するような場合などで少しのリスクも除外したい場合には一貫して「使用しない」という選択をすることも妥当でしょう。作成するサイトの役割と、それによって実現したいことをよく考えたうえで、最適と思われるコーディング方法を選択していくことが重要です。

[※1] https://support.google.com/webmasters/answer/35769

続いて、.logoの中のa要素のクリック領域がロゴ画像をぴったり覆うようにします。a要素と.logoの大きさが同じになればいいので、a要素のwidthとheightを100%にして親要素いっぱいの大きさにします（❸）。しかしa要素のdisplayプロパティの初期値はinlineのため、そのままだと縦幅と横幅を指定することができません。ここでdisplay: block;を

PART 0
PART 1
PART 2
PART 3
APPENDIX

指定することで、widthとheightの値が反映されるようになります（❹）。

参照 ブロックレベル要素とインライン要素→P.50

これでトップページへのリンクを持つサイトロゴを配置できました。

ONE POINT

### マージンの相殺

CSSでマージンを指定してレイアウトを行なう際に気をつけたいのが、ブロックレベルの要素の上下のマージンに起こる「マージンの相殺」と呼ばれる挙動です。display: inline-block;の要素やfloatがかかっている要素では起きません。コーディングの中で遭遇しやすいパターンは大きく分けると以下の2つです。

#### 隣接したマージンの相殺

隣接した要素の上下のマージンは相殺されます。

マージンが20pxの要素同士が隣り合った場合、その間隔は40pxではなく20pxになります。

```
<div class="box"></div>
<div class="box"></div>
```

```
.box {
  margin: 20px;
}
```

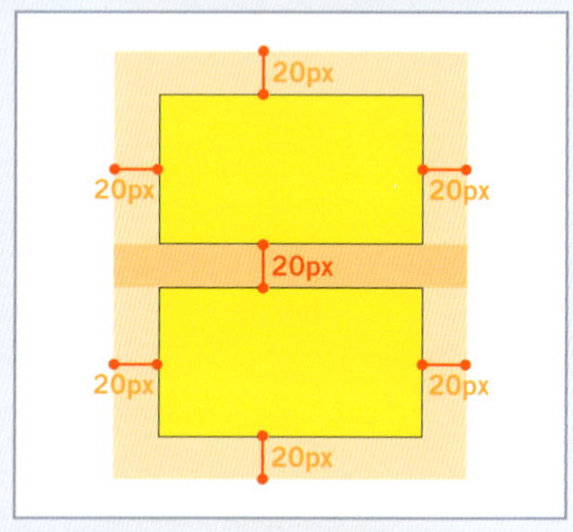


図3.A 隣接したマージンの相殺

マージンの値が異なる場合には、大きいほうのマージンが要素の間隔となります。

```
<div class="box"></div>
<div class="box-large"></div>
```

```
.box-large {
  margin: 30px;
}
```

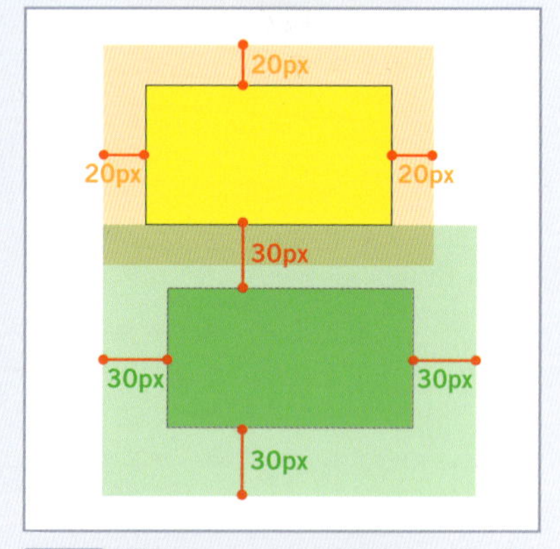


図3.B 隣接したマージンの相殺［マージンが異なる場合］

#### 入れ子になったマージンの相殺

入れ子になった要素の上下のマージンは相殺されます。

親となる要素のmargin-topと先頭の子要素のmargin-topは相殺され、子要素のmargin-topは親要素の外側に突き抜けます。この相殺は親要素のmargin-topが0の場合にも起こります。

margin-bottomについても同様です。

```
<div class="parent">
  <div class="child"></div>
</div>
```

```
.parent {
  background-color: yellow;
  width: 200px;
  height: 100px;
}
.child {
  background-color: pink;
  width: 50%;
  height: 50%;
  margin-top: 20px;
}
```

margin-top 20px
.child
.parent

図3.C 入れ子になったマージンの相殺

ただし、親要素と子要素のマージンを分けられるような border、padding、インラインコンテンツなどが存在する場合には相殺されません。

```
.parent {
  border: 1px dashed black;  ──→ 追加
}
```

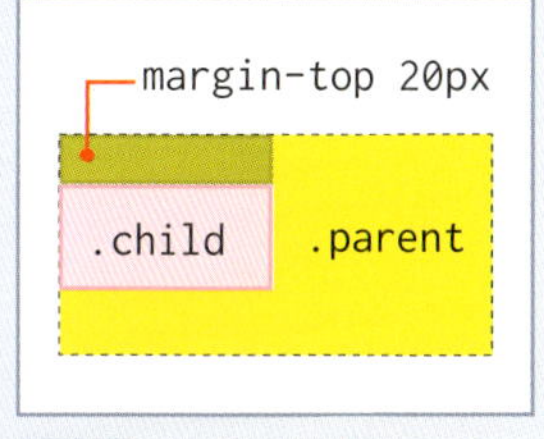


図3.D 入れ子になったマージンが相殺されない場合

このようなマージンの相殺の挙動によって、意図しない表示になる場合があります。

先ほどのロゴを配置するケースで考えてみましょう。.header要素内にロゴを配置する際、ロゴの上の余白を確保するために以下の2種類のコーディング方法が考えられます。

- 親である.headerにpadding-topを指定する
- 子である.logoにmargin-topを指定する

しかし、子である.logoにmargin-topを指定すると、先ほどのマージンの相殺によって.logoのmargin-topが親要素である.headerの上に突き出てしまい、.headerの背景であるストライプの上に空白ができてしまいます。

図3.E ロゴ要素にmargin-topを指定した場合

親要素と最初の子要素の間に余白をとりたい場合は、子要素にmargin-topを指定するのではなく親要素にpadding-topを指定することでこの挙動を回避できます。

## グローバルナビゲーション

サイト内の主要なページをつなぐグローバルナビゲーションのコーディングに入ります。HTML5では新しくnavという要素が追加されました。名前のとおり、ナビゲーションであることを意味する要素です。グローバルナビゲーションは代表的なナビゲーションであり、その中身はリンクのリストなので、nav要素の中にリストであるul要素を配置してマークアップしていきます。

**グローバルナビゲーションのHTML**

```
<header class="header">
  <h1 class="logo">
    <a href="/">SAMPLE SITE</a>
  </h1>
  <nav class="global-nav">
    <ul>
      <li class="nav-item active"><a href="#">HOME</a></li>
      <li class="nav-item"><a href="#">ABOUT</a></li>
      <li class="nav-item"><a href="#">NEWS</a></li>
      <li class="nav-item"><a href="#">TOPICS</a></li>
      <li class="nav-item"><a href="#">DOCS</a></li>
      <li class="nav-item"><a href="#">BLOG</a></li>
    </ul>
  </nav>
</header>
```

追加

グローバルナビゲーションの中に現在表示しているページへのリンクがあれば、そのことがわかるように違う見た目にしておくと直感的です。一番左のHOMEというリンクは、いま表示しているトップページへのリンクなので、違う見た目にするためにactiveというクラスをつけてあります。

ナビゲーションの枠となる.global-navと中身の.nav-itemのスタイルを定義します。

**グローバルナビゲーションのCSS［大枠］**

```
.global-nav {
  margin-top: 15px;
  text-align: center;        ❷
}
.global-nav .nav-item {
  display: inline-block;     ❶
  margin: 0 10px;
}
```

.nav-itemにdisplay: inline-block;を指定して横に並ぶようにします（❶）。親である.global-navとその子要素であるul要素はブロックレベルの要素なので、.headerと同じく横幅いっぱいに広がっています。.global-navにtext-align: center;を指定することで子のul要素にもその指定が引き継がれ、中の.nav-itemを中央寄せにすることができます（❷）。

マークアップに使用したul要素にはブラウザのUAスタイルシートによってリスト項目の頭にリストマークが表示されるので、今回のナビゲーションのデザインであれば本来なら list-style-type: none; を指定してマークが表示されないようにする必要がありますが、最初に読み込んだreset.cssの中でnav要素の中のul要素にはマークが表示されないようにリセットされているのでこの箇所でのlist-style-type: none;指定は不要です。

次に.nav-itemの中に入るa要素を装飾していきます。

グローバルナビゲーションのCSS［リンク］

```
.global-nav .nav-item a {
  display: inline-block;    ─┐
  width: 100px;              ├──→ ❶
  height: 30px;             ─┘
  height: 30px;        ─┐
  line-height: 30px;   ─┘→ ❷
  text-align: center;  ──────→ ❸
  border-radius: 8px;  ─┐
  color: #666;          ├──→ ❹
  font-size: 1.3rem;   ─┘
}
```

a要素も.nav-itemと同じくdisplayプロパティの値をinline-blockにし、幅と高さを指定します（❶）。親になる.nav-itemには幅と高さを指定していないので、.nav-itemの大きさは子要素であるこのaの幅と高さにあわせて伸び縮みすることになります。次に、line-heightをheightと同じ高さにすることで、テキストを縦方向の中央寄せにすることができます（❷）。参照 line-heightプロパティ➔P.55

横方向の中央寄せはtext-align: center;で行ないます（❸）。あとはデザインにあわせて角丸と文字色、文字サイズの指定をします（❹）。

## ONE POINT

### border-radiusプロパティ

border-radiusプロパティでボックスの角を丸めることができます。値には円の半径となる長さを指定します。

値は1つから4つまで指定でき、値の個数と順番によって角丸が適用される角の位置が変わります。

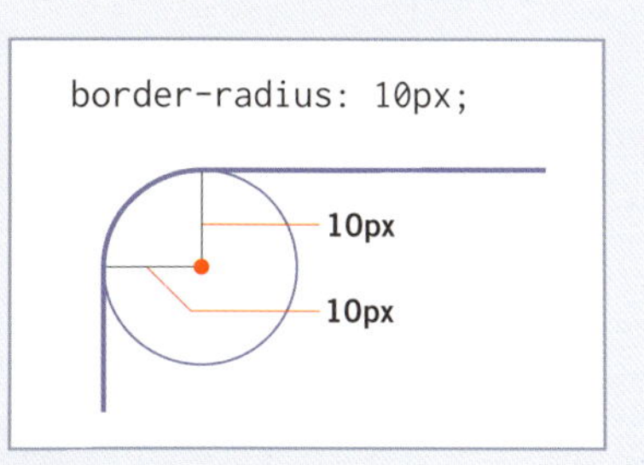


図3.A 半径10pxの角丸

```
border-radius: 10px;  ──→ すべての角が半径10pxの角丸
border-radius: 10px 20px;  ──→ 左上と右下の角が半径10px、右上と左下の角が半径20px
border-radius: 10px 20px 30px;  ──→ 左上が10px、右上と左下が20px、右下が30px
border-radius: 10px 20px 30px 40px;  ──→ （左上から時計回りに）左上が10px、
                                          右上が20px、右下が30px、左下が40px
```

また、上記に従った値のセットをスラッシュで区切って2セット指定することで、横方向の半径と縦方向の半径を別々に指定することができます。

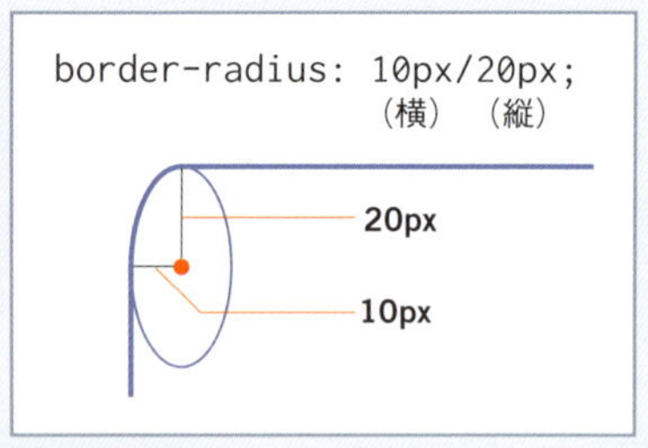


図3.B 横方向の半径と縦方向の半径を別々に指定

```
border-radius: 100px / 50px;
border-radius: 0px 50px 100px 150px / 50px;
```

すべての角の横方向の半径が100px、縦方向の半径が50px

横方向の半径は左上から時計回りに左上が0px、右上が50px、右下が100px、左下が150px。縦方向の半径はすべての角が50px

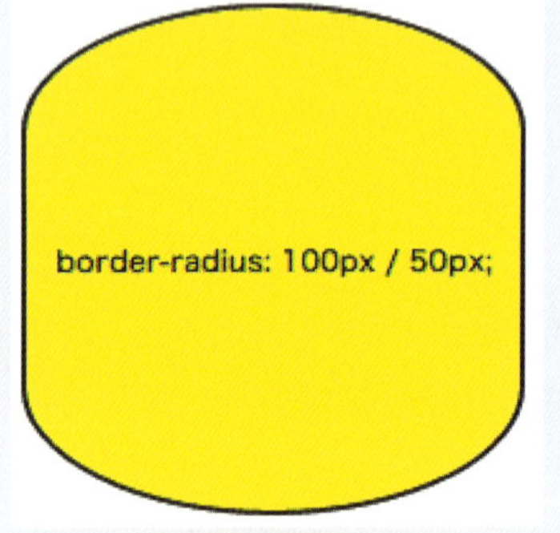


図3.C 1行目の表示結果

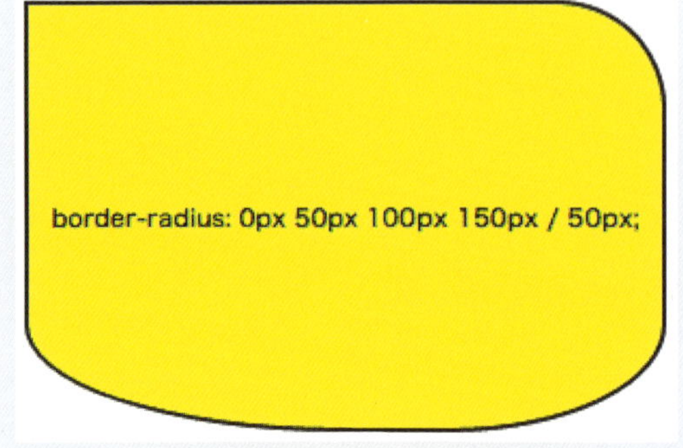


図3.D 2行目の表示結果

単位に％を使用した場合には、横方向の半径はその要素の幅を100%とし、縦方向の半径はその要素の高さを100%として値を算出します。

それぞれの角の半径の値はborder-top-left-radius、border-top-right-radius、border-bottom-left-radius、border-bottom-right-radiusプロパティで個別に指定することもできます。

さらにデザインに近づけるために、文字の間隔を少し広げましょう。letter-spacingプロパティで文字の間隔を指定することができます。

グローバルナビゲーションのCSS［リンク］

```
.global-nav .nav-item a {
  display: inline-block;
  width: 100px;
  height: 30px;
  line-height: 30px;
  text-align: center;
  border-radius: 8px;
  color: #666;
  font-size: 1.3rem;
  letter-spacing: 1px;   → 追加
}
```

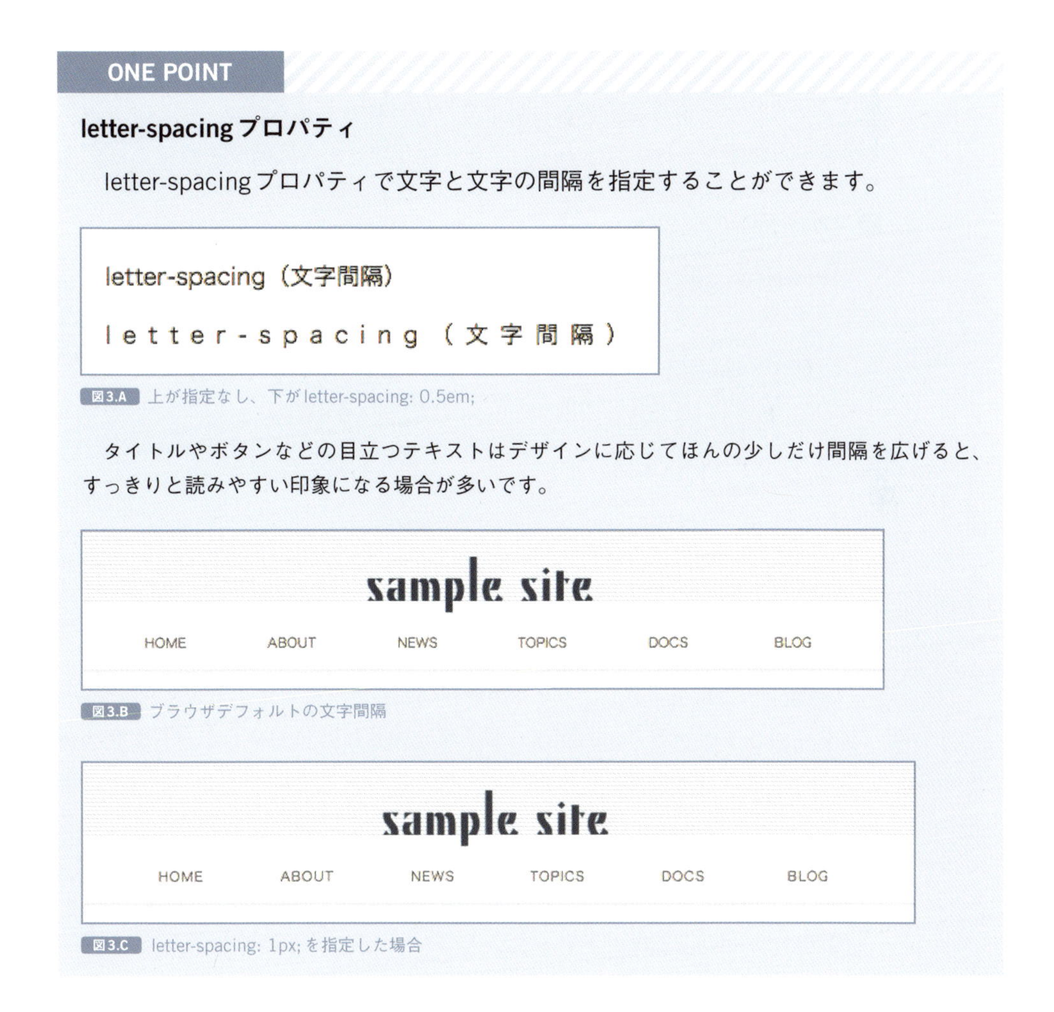

ONE POINT

### letter-spacingプロパティ

letter-spacingプロパティで文字と文字の間隔を指定することができます。



図3.A 上が指定なし、下がletter-spacing: 0.5em;

タイトルやボタンなどの目立つテキストはデザインに応じてほんの少しだけ間隔を広げると、すっきりと読みやすい印象になる場合が多いです。



図3.B ブラウザデフォルトの文字間隔



図3.C letter-spacing: 1px; を指定した場合

仕上げとして、リンク特有の「動き」をコーディングしていきます。リンクにホバーしたときに背景色をつけるようにしましょう。さらに、現在位置を表わすactiveクラスのついたリンクにも同じCSS定義を利用して背景色がつくようにします。

グローバルナビゲーションのCSSエフェクト

```
.global-nav .nav-item.active a,   → ❶
.global-nav .nav-item a:hover {   → ❷
  background-color: #d03c56;
  color: #fff;
}
```

.nav-item.activeのようにクラス名にスペースをあけずに連続してセレクタを書くことで、「nav-itemクラスとactiveクラスの両方がついた要素」を指定できます（❶）。

任意のセレクタに:hoverをつけると「その要素にホバーしたとき」のスタイルを定義することができます（❷）。:hoverのような指定を擬似クラスといいます。:hoverはa要素の装飾によく使われますが、a要素だけでなくdivなど他の要素にも使用できます。

これでほぼ完成ですが、ここにさらに一工夫を加えます。

いまはリンクにホバーすると一瞬で色が切り替わるようになっていますが、一瞬ではなく少しだけ時間をかけて「ふわっ」と色が変化するように効果をつけてみましょう。

リンクのトランジション効果

```
.global-nav .nav-item a {
  display: inline-block;
  width: 100px;
  height: 30px;
  line-height: 30px;
  text-align: center;
  border-radius: 8px;
  color: #666;
  font-size: 1.3rem;
  letter-spacing: 1px;
  transition: 0.15s;   → 追加
}
```

transitionプロパティで、スタイルの変化にかかる時間を指定することができます。

お手元のブラウザで、このプロパティをつけたり外したりしながら変化の違いを確認してみてください。ほんの少しの違いですが、この効果でホバーしたときの印象がだいぶやわらかく上品になります。秒数をもっと大きくすると効果がわかりやすくなりますが、やりすぎるともたつきを感じさせたり、逆にエフェクトが直感的でなくなってしまうので、いろいろな組み合わせを試しながらその要素に最適な秒数を探ってみてください。

これでヘッダーが完成しました。

ONE POINT

### transition プロパティ

CSSトランジションという機能を使うと、CSSプロパティの値が変化する際にかかる時間や変化の方法を制御することができます。これにより、CSSでアニメーションの効果を表現することができます。

transitionプロパティは、トランジションに関わる以下のプロパティをまとめて指定できるショートハンドプロパティです。

- transition-property ……… トランジションを適用するCSSプロパティ。初期値：all（すべて）
- transition-duration ……… 値の変更完了までの所要時間。初期値：0s（0second＝0秒）
- transition-timing-function ……… 変化の仕方の種類。初期値：ease
- transition-delay ……… 変化が始まるまでの待ち時間。初期値：0s

transition-durationとtransition-delayは両方とも時間を指定するので、記述の順序に注意が必要です。1番目に指定された時間がtransition-duration、2番目に指定された時間がtransition-delayに割り当てられます。

先ほどのリンクで使用したtransitionの効果は下記のようになります。

**transitionの例**

```
.global-nav .nav-item a {
  color: #666;
  transition: 0.15s;  → すべてのプロパティの変化に0.15秒かける
}
.global-nav .nav-item a:hover {
  background-color: #d03c56;
  color: #fff;
}
```

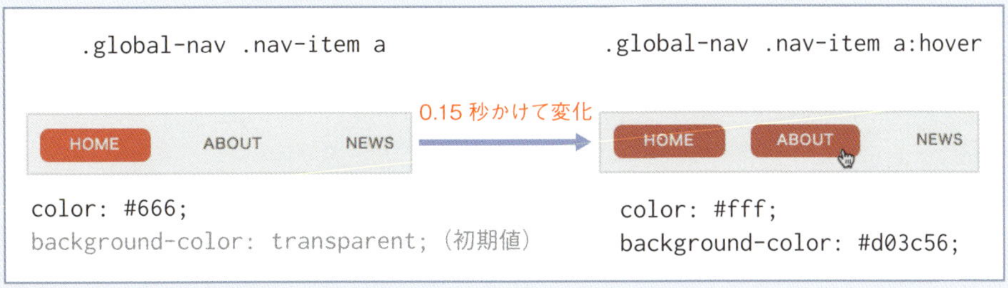

図3.A transitionによる効果

CSSトランジションはIE10から対応されています。IE9ではアニメーション効果が表われませんが、リンクの機能や表示に支障が出るものではないので、モダンな環境でよりリッチな表現をするための手段として使用すると効果的です。

参照 グレースフルデグラデーションとプログレッシブエンハンスメント→P.133

Chapter
04

# メイン領域のコーディング

**ページの主役になるコンテンツが配置されるメイン領域をコーディングしていきます。**

## 要素とサイズの確認

続いてメイン領域のコーディングに入ります。メイン領域の要素と構成を確認します。

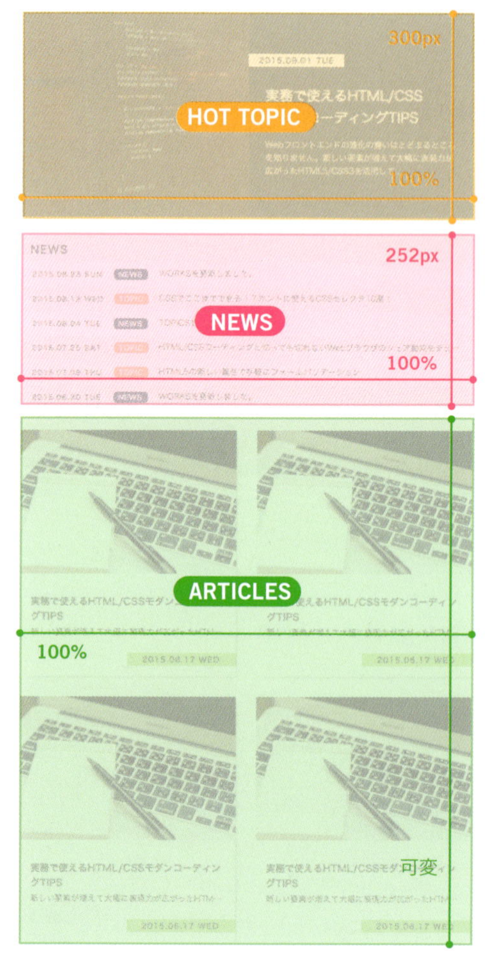


図4.1 メイン領域の要素とサイズ

メイン領域には3つのセクション（部分）があります。1つ目は最上部の特集コンテンツ（HOT TOPIC）、次がその下の更新履歴（NEWS）、最後がその下の記事ブロック（ARTICLES）です。

## アウトラインを意識する

コーディングに入る前に、これからHTMLでマークアップしていく文書の「構造」について少し考えてみましょう。HTMLが表わす文書の構造を「アウトライン」と呼びます。デザインの中で見出しがあるのはNEWSのセクションのみです。しかし、HTMLをその通りにコーディングしてしまうと文書の構造が変わってしまいます。

### 見た目どおりのマークアップ

```
<main class="main">
  <div class="hot-topic">
    <!-- HOT TOPICのコンテンツ内容が入ります -->
  </div>
  <h2>NEWS</h2>
  <div class="news">
    <!-- NEWSのコンテンツ内容が入ります -->
  </div>
  <div class="articles">
    <!-- ARTICLESのコンテンツ内容が入ります -->
  </div>
</main>
```

このコーディングが表わすアウトラインを確認してみると、ARTICLESのセクションがNEWSのセクションの中に含まれてしまいました。

HTMLの構造として同階層に3つのセクションが並ぶアウトラインを表わすためには、HOT TOPICとARTICLESにも見出しが必要です。対して見た目はCSSが受け持つ範囲なので、デザイン上不要な見出しはCSSで見えなくしましょう。

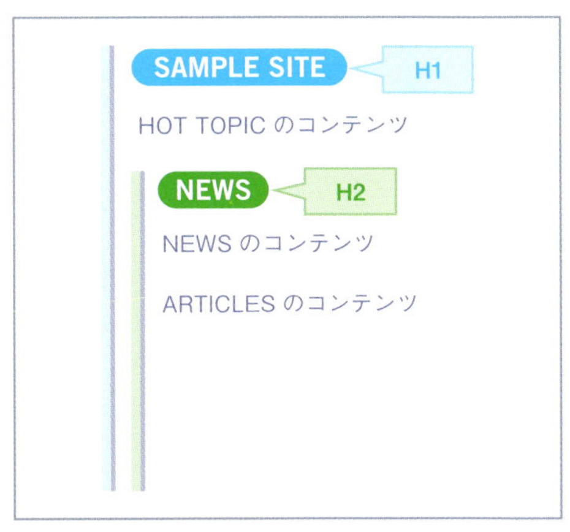


図4.2 見た目どおりのマークアップが表わすアウトライン

### アウトラインを意識したコーディング

```
<main class="main">
  <h2 class="hidden">HOT TOPIC</h2>
  <div class="hot-topic">
    <!-- HOT TOPICのコンテンツ内容が入ります -->
  </div>
  <h2>NEWS</h2>
  <div class="news">
    <!-- NEWSのコンテンツ内容が入ります -->
```

```
  </div>
  <h2 class="hidden">ARTICLES</h2>
  <div class="articles">
    <!-- ARTICLESのコンテンツ内容が入ります -->
  </div>
</main>
```

非表示になる見出しのスタイル

```
.hidden {
  display: none;
}
```

見出しであるh2要素によって暗黙的にセクションが区切られ、メイン領域が3つのセクションから構成されることがHTMLから読み取れるようになりました。

このような方法の他に、HTML5から追加されたsection要素を使用して明示的にセクションを区切ることもできます。しかし、section要素はその中に自身の見出しを持つことが推奨されているため、section要素を使用する場合でも以下のようなマークアップが推奨されます。

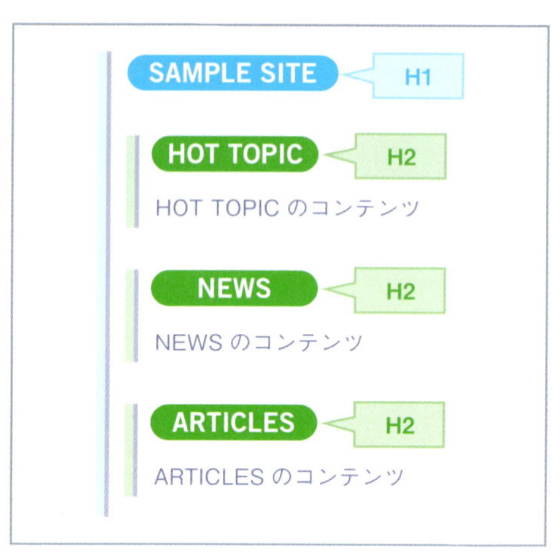

図4.3 生成されるアウトライン

section要素を使用したマークアップ

```
<main class="main">
  <section class="hot-topic">
    <h2 class="hidden">HOT TOPIC</h2>
    <!-- HOT TOPICのコンテンツ内容が入ります -->
  </section>
  <section class="news">
    <h2>NEWS</h2>
    <!-- NEWSのコンテンツ内容が入ります -->
  </section>
  <section class="articles">
    <h2 class="hidden">ARTICLES</h2>
    <!-- ARTICLESのコンテンツ内容が入ります -->
  </section>
</main>
```

ただし、section要素が見出しを持つことは「推奨」であり「必須」ではないので、見出しを省略しても構文として間違いになるわけではありません。マークアップと実際の表示が一致することを優先させたい場合は、次のようにコーディングすることでも3つのセクションが存在することを表現できます。

section要素を使用して見出しを省略したマークアップ

```
<main class="main">
  <section class="hot-topic">
    <!-- HOT TOPICのコンテンツ内容が入ります -->
  </section>
  <section class="news">
    <h2>NEWS</h2>
    <!-- NEWSのコンテンツ内容が入ります -->
  </section>
  <section class="articles">
    <!-- ARTICLESのコンテンツ内容が入ります -->
  </section>
</main>
```

このPARTでは見出しによるセクション分けでコーディングを進めます。section要素を使用したコーディングはPART2とPART3で行ないます。

HTMLでマークアップを行なう際にはそのマークアップが表わすアウトラインを意識することで、検索エンジンのクローラーやスクリーンリーダーにもきちんと意味の伝わるHTMLを書くことができます。

## HOT TOPIC（特集コンテンツ）

ではまずメイン領域の一番上に位置する特集コンテンツのブロックを作成しましょう。特集コンテンツの枠になるa要素を配置し、その中に画像とテキストの枠が左右に並ぶところまでをマークアップします。

特集コンテンツのHTML［大枠］

```
<h2 class="hidden">HOT TOPIC</h2>
<a href="#" class="hot-topic">
  <img class="image" src="./images/hot-topic.jpg" alt="コーディング画面">
  <div class="content">
  </div>
</a>
```

特集コンテンツのブロックはクリックすることでその記事のページへ飛べるようにしたいので、a要素でマークアップします。リンク先を指定するhref属性には仮のリンク先として#を入れておきます。

HTML4まではインライン要素であるa要素でブロックレベル要素であるdiv要素を囲むことは不適切とされていましたが、HTML5からは新しくコンテンツモデルという概念が導入されたことによって、a要素は親要素次第でdiv要素を囲むことができるようになりました[※1]。

［※1］ a要素の親要素がdiv要素を囲める要素であれば、a要素もそのルールを引き継いでdiv要素を囲むことができます。

ONE POINT

### ブロックレベル要素とインライン要素

HTML4までは要素ごとにブロックレベル要素、インライン要素という区分がありましたが、HTML5からはその分類が廃止され、新しくより詳細な分類方法に置き換わりました。HTML5での要素の新しい分類方法についてはPART1末尾のコラムで簡単に紹介しています。

参照 HTML5で新しくなった要素の分類→P.92

ブロックレベル要素、インライン要素という分類は廃止されましたが、CSSのdisplayプロパティの値が要素の種類ごとにそれぞれ定められていることは変わりません。たとえば、a要素はHTML5ではインライン要素という分類ではなくなりましたが、a要素のdisplayプロパティのデフォルト値は変わらずinlineなので、a要素に高さを持たせたい場合はdisplayプロパティにinline-blockかblockの指定が必要になります。このように、要素ごとに定められたdisplayプロパティのデフォルト値を感覚的に覚えておくとコーディングの効率が上がるということはこれまでと変わりません。

まとめると、HTML4まではブロックレベル要素、インライン要素という分類が「要素の役割や関係性のルール」と「CSSでの表示上の特性」の両方に関係していましたが、HTML5からは要素の役割の分類は別途新しく定められ、ブロックレベル、インラインという考え方は表示上の特性のみを表わすものになったということです。

| | HTML4 | HTML5 |
|---|---|---|
| **HTML要素の分類**<br>・要素が持つ役割や関係のルール<br>・上書き不能 | ブロックレベル、インライン | コンテンツモデルとカテゴリ |
| **displayプロパティのデフォルト値** [※1]<br>・要素が持つ表示上の特性<br>・上書き可能 | ブロックレベル、インライン | ブロックレベル、インライン |

[※1] ブラウザのUAスタイルシートで定義されます。

HTML4までの分類との混同を避けるために、本書ではdisplayプロパティがデフォルトでブロックレベルの値を持つ要素をブロックレベルの要素、インラインの値を持つ要素をインラインレベルの要素と呼びます。

a要素に特集コンテンツを表わすhot-topicというクラスをつけ、その中にimg要素とdiv要素を配置します。

続いてレイアウトを定義します。

特集コンテンツのCSS［大枠］

```
.hot-topic {
  display: block;                                   ❶
  height: 300px;
  margin-bottom: 30px;
  box-shadow: 0 6px 4px -4px rgba(0, 0, 0, 0.15);   ❷
  transition: opacity 0.15s;                        ❹
}
.hot-topic:hover {
  opacity: 0.85;                                    ❸
}
```

.hot-topicはa要素なのでdisplay: block;を指定し、ブロックレベルの要素として扱えるようにします（❶）。

box-shadowの影には透明度15%の黒を指定します。参照 rgbaでの色指定→P.203

影を6px下にずらし、4pxぼかして広がるぶんを-4pxの拡張で縮小させ、ボックスの下から少しだけ影がのぞくようにします（❷）。

ホバーしたときの効果としてopacity（不透明度）を少し下げ透過させることで、ホバーしたときに少し光ったような見せ方をすることができます（❸）。

さらに前章のグローバルナビゲーションのコーディングでも使用したtransitionをopacityに対してかけることで、ふわっと光らせることができます（❹）。

参照 transitionプロパティ→P.45

**ONE POINT**

### opacityプロパティ

opacityプロパティで要素の不透明度を指定できます。値は0から1までの範囲の数値で、0が透明、1が不透明になります。

opacityを変更した要素の子要素も同じく透過されますが、子要素のopacityプロパティは初期値の1のままです。

また、本書ではopacityにトランジションをかけていますが、Safariでopacityにトランジションをかけるとアニメーション時にテキストがちらついて見える現象が起こる場合があります。対処方法として、ベンダープレフィックスを付加したfont-smoothingプロパティを指定することでちらつきを消すことができます。

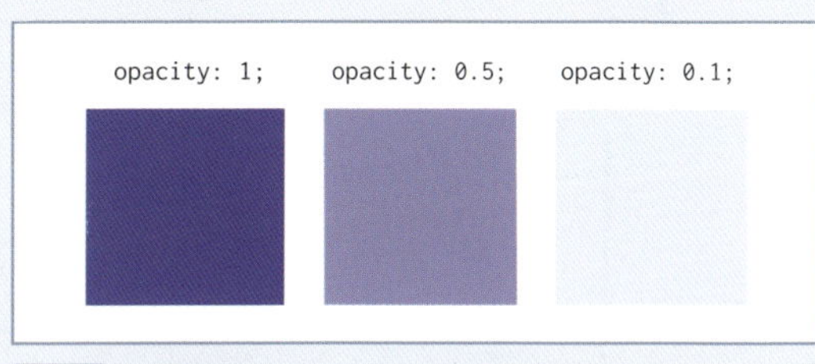


図4.A opacity

図4.B 子要素への影響

```
body {
  -webkit-font-smoothing: antialiased;
}
```

font-smoothingプロパティはまだ仕様が確定されておらず、今後仕様が変更される可能性があるため、本書ではちらつきの解消方法の1つとして紹介するにとどめます。

.hot-topicの中に.imageと.contentをfloatで並べます。子要素にfloatを使用するので親要素にclearfixを適用しておきましょう。参照 floatとclearfix→P.25

**特集コンテンツのHTMLにclearfixクラスを適用**

```
<h2 class="hidden">HOT TOPIC</h2>
<a href="#" class="hot-topic clearfix"> ——→ 追加
  <img class="image" src="./images/hot-topic.jpg" alt="コーディング画面">
  <div class="content">
  </div>
</a>
```

**特集コンテンツのCSS［内容］**

```
.hot-topic .image {
  float: left;
  width: 50%;       ┐
  height: 100%;     ┘——→ ❶
}
.hot-topic .content {
  float: left;
  width: 50%;       ┐
  height: 100%;     ┘——→ ❶
  padding: 105px 25px 0;
  background-color: #2d3d54; ——→ ❷
}
```

子要素になる.imageと.contentはそれぞれwidth: 50%;、height: 100%;とすることで親要素の中に半分ずつの幅でぴったり横並びに収まります（❶）。さらにテキストが入る.contentにデザインと同じく背景色を指定しておきます（❷）。

**ONE POINT**

## box-sizingプロパティ

box-sizingプロパティでは、要素の幅と高さの指定がボックスモデルのどのエリアを指すかという決まりを変更できます。参照 ボックスモデル→P.31

box-sizingプロパティの初期値はcontent-boxで、幅と高さの指定はコンテンツエリアを指します。そのため、通常CSSでwidthやheightの値が反映されるのはコンテンツエリアに対してであり、paddingやborderの領域は含まれません。

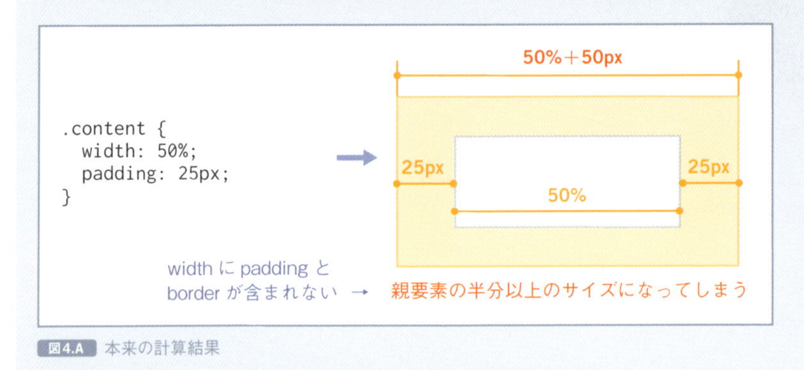


図4.A 本来の計算結果

たとえば、前述の.contentにはwidthとpaddingを指定していますが、width: 50%; padding: 25px;と指定した場合、その要素の横幅は親要素の50% ＋ 左右のpaddingが25pxずつの50pxになり、合計で50%よりも大きくなってしまいます（図4.A）。

要素の幅を50%に収めるには、widthにはpaddingを除いた幅を指定しなければなりません。

これは直感的ではありません。widthとheightには、paddingとborderを含めた要素そのもののサイズを指定できた方が計算が楽になる場合が多いです。

そこでbox-sizing: border-box;という指定をすると、widthとheightの指定がボーダーエリアを指すようになるのでpaddingとborderを含めた要素全体のサイズをwidthとheightで指定できるようになります。

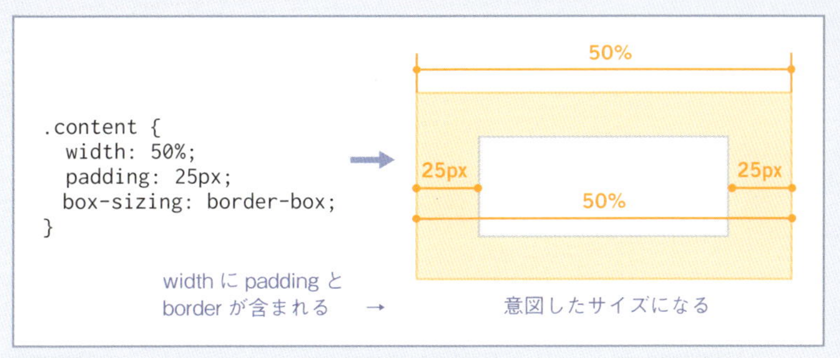


図4.B box-sizing: border-box; を指定した場合の計算結果

今回はすべての要素でこの計算方式を使用したいので、style.cssの最初ですべての要素とすべての::before、::after擬似要素にbox-sizing: border-box;の指定をしています。

ここまでのコーディングで左右に画像と.contentが配置されました。

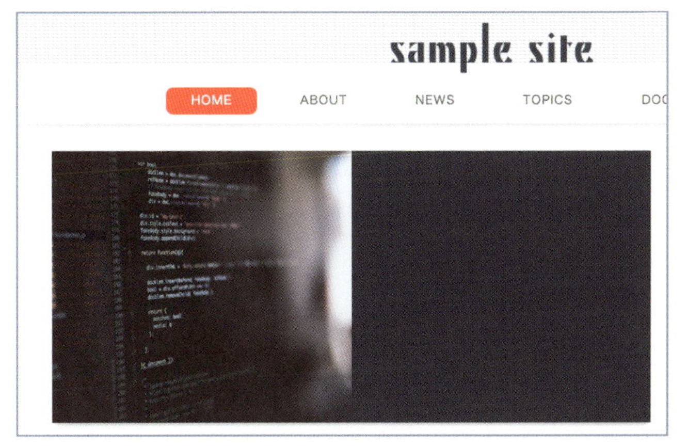


図4.4 ここまでのコーディング結果

続いて、.contentの中にテキストを配置していきます。

**特集コンテンツのHTML［テキスト部分］**

```
<h2 class="hidden">HOT TOPIC</h2>
<a href="#" class="hot-topic clearfix">
```

```
    <img class="image" src="./images/hot-topic.jpg" alt="コーディング画面">
    <div class="content">
      <h3 class="title">実務で使えるHTML/CSS<br>モダンコーディングTIPS</h3>
      <p class="desc">Webフロントエンドの進化の勢いはとどまるところを➡
知りません。新しい要素が増えて大幅に表現力が広がったHTML5/CSS3を活用して...</p>
      <time class="date" datetime="2015-09-01">2015.09.01 TUE</time>
    </div>
</a>
```

追加

表示上の順番としては上から日時、タイトル、本文の順になりますが、文書の構造としては本文と日時に対して見出しがついている形になるので、タイトル、本文、日時の順で記述しています。日時にはHTML5から追加された、日時を表わすtime要素を使用します。

**ONE POINT**

### time要素

HTML5で新しく追加されたtime要素はその名のとおり、日時を意味する要素です。time要素にはdatetimeという属性をつけることもできます。要素の中に入る日時情報は人間が読むためのものなのでさまざまなフォーマットで表わされますが、それとは別にdatetime属性に特定のフォーマットで日時情報を記入することで、要素中のテキストの表示形式に左右されない正確な日時を機械に対して伝えることができます。

datetime属性の値に時刻まで含める場合は、日付と時刻の間にTをはさみます。

**time要素のdatetime属性を使用した例**

```
<time datetime="2015-09-01">2015.09.01 TUE</time>
<time datetime="2015-09-01">先週の火曜日</time>
<time datetime="2015-09-01T08:00">今朝</time>
```

では、CSSで装飾していきましょう。

**特集コンテンツのCSS［テキスト部分］**

```
.hot-topic .content {
  position: relative;            → 追加 ❸
  float: left;
  width: 50%;
  height: 100%;
  padding: 105px 25px 0;
  background-color: #2d3d54;
  line-height: 1.6;              → 追加 ❶
}
.hot-topic .title {
  margin-bottom: 15px;
  color: #fff;
  font-weight: normal;           → ❷
  font-size: 2.0rem;
}
```

Chapter-04 メイン領域のコーディング

```
.hot-topic .desc {
  color: #ddc;
}
.hot-topic .date {
  position: absolute;    → ❸
  top: 60px;
  left: 0;
  width: 140px;
  padding: 4px;
  background-color: #fff;
  color: #2d3d54;
  text-align: center;
  letter-spacing: 1px;
  font-weight: bold;
  font-size: 1.1rem;
  line-height: 1;
}
```

.contentに数値のみでline-heightを指定することで、子となる.titleと.descを適切な行間で表示することができます（❶）[※2]。

ONE POINT

### line-heightプロパティ

line-heightプロパティで、行の高さを指定できます。指定できる値には大きく4種類があります。負の値は指定できません。

- normal ……… 初期値。表示される高さはブラウザが計算します。
- 数値＋単位 ……… px、em、remなど単位つきの値を指定します。
- 割合（%）……… 要素のfont-sizeを基準とした割合。font-sizeが10pxでline-heightが150%なら行の高さは15pxになります。子要素に引き継がれても基準となる要素は変わりません。
- 数値のみ ……… 要素のfont-sizeにこの数値を掛けた値が行の高さになります。font-sizeが10pxでline-heightが1.5なら行の高さは15pxになります。子要素に引き継がれると基準はその子要素のfont-sizeになります。

中でも数値のみでの指定方法がよく使われます。それぞれの指定方法による表示の違いは次のようになります。

line-heightの値は子要素にも引き継がれるので、pxやemなどの数値＋単位の形式でline-heightの値を指定すると、子要素のfont-sizeが変わった場合に行の高さが合わなくなってしまいます。

```
<div class="content">
  <h1>見出しです。<br>見出しです。</h1>
  <p>本文です。<br>本文です。<p>
  <div>その他の文章です。<br>その他の文章です。</div>
</div>
```

[※2] フォントサイズが大きく表示されてしまう場合は追加情報を参照してください。
http://www.shoeisha.co.jp/book/detail/9784798141572

**line-heightに単位を指定した場合**

```
.content {
  font-size: 10px;
  line-height: 15px;
}
h1 {
  font-size: 24px; → line-heightは.contentの15px
}
p {
  font-size: 14px; → line-heightは.contentの15px
}
```

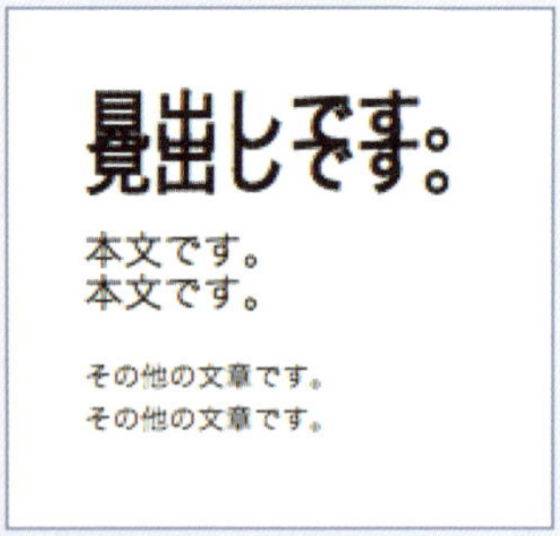

図4.A h1もpもline-heightは15px［単位で指定］

割合を指定しても、割合の基準になるのはline-heightを指定した要素のfont-sizeなので結果は同じです。

**line-heightに割合を指定した場合**

```
.content {
  font-size: 10px;
  line-height: 150%; → .contentのfont-size（10px）の150%なので15px
}
h1 {
  font-size: 24px; → .contentのfont-size（10px）の150%なので15px
}
p {
  font-size: 14px; → .contentのfont-size（10px）の150%なので15px
}
```

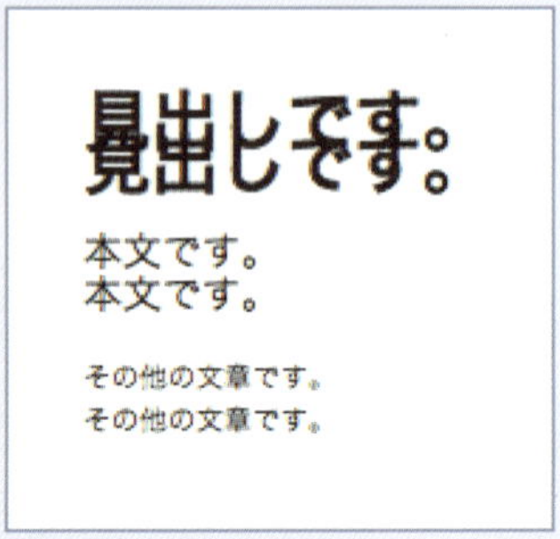

図4.B h1もpもline-heightは15px［割合で指定］

しかし、line-heightを数値のみで指定すると、割合の基準になるのは常に自身のfont-sizeになります。line-heightが子要素に引き継がれたときにはそれぞれの子要素のfont-sizeが基準となります。

**line-heightを数値のみで指定した場合**

```
.content {
  font-size: 10px;
  line-height: 1.5; → .contentのfont-size（10px）×1.5なので15px
}
h1 {
  font-size: 24px; → h1のfont-size（24px）×1.5なので36px
}
p {
  font-size: 14px; → pのfont-size（14px）×1.5なので21px
}
```

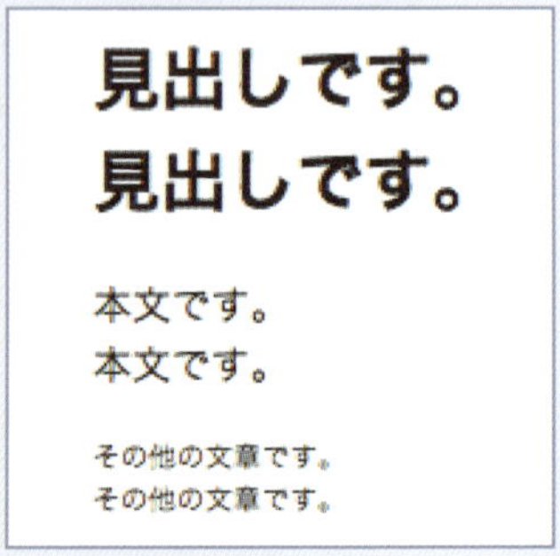

図4.C それぞれのfont-sizeに応じて行間が指定される

このように、数値のみの指定方法であれば毎回line-heightを指定しなくても要素のフォントサイズに応じた相対的な行間を指定することができます。そのため、line-heightにはなるべく単位を指定せず数値のみで指定することが好ましいです。

ただし、リンクボタンなどの小さな要素で文字を縦方向の中央寄せにしたい場合には単位を指定して明示的にheightと同じ値を指定する場合もあります。

h1 ～ h6の見出し要素には各ブラウザのUAスタイルシートでfont-weight: bold;が指定されているので、太字のスタイルが不要であればfont-weight: normal;を指定して上書きする必要があります（❷）。サイト全体を通して不要になる場合はreset.cssに追記してしまってもよいでしょう。

.dateはposition: absolute;を指定して表示場所を見出しの上部に移動させるため、親要素である.hot-topicにposition: relative;を指定します（❸）。position: absolute;で配置する場合には親要素のpaddingの影響を受けないため、left: 0;でぴったり左端に配置することができます。参照 positionプロパティ→P.170

あとはサイズと色と文字間隔を指定して完了です。

これで特集コンテンツのコーディングが完了しました。



## NEWS（更新履歴リスト）

次に、更新履歴のリストをコーディングしていきます。更新履歴は「NEWS」という見出しとその下のリスト部分から構成されています。デザインでは見出しとリスト項目がかなり似た見た目になっていますが、要素の役割は異なるのでそれぞれの役割に適切な要素でマークアップしましょう。

HTMLを記述します。

**更新履歴のHTML**

```
<h2 class="heading">NEWS</h2>
<ul class="scroll-list">
  <li class="scroll-item">
    <a href="#">
      <time class="date" datetime="2015-08-23">2015.08.23 SUN</time>
      <span class="category news">NEWS</span>
      <span class="title">WORKSを更新しました。</span>
    </a>
  </li>
  <li class="scroll-item">
    <a href="#">
      <time class="date" datetime="2015-08-12">2015.08.12 WED</time>
      <span class="category">TOPIC</span>
      <span class="title">CSSでここまでできる！？ホントに使えるCSSセレクタ➡
10選！</span>
    </a>
  </li>
  …省略…
</ul>
```

今回作成するTOPページの中で出てくる見出しのデザインはサイドメニューでも共通なので、使いまわせるよう見出しにheadingというクラスをつけ、そこにスタイルを指定するようにします。更新履歴本体はリストなのでul要素でマークアップします。リストの項目はそれぞれの更新箇所へのリンクにしたいのでa要素で囲み、日付、カテゴリ、テキストを配置します。

では.headingに対して見出しのコーディングを行ないましょう。

**見出しのスタイル**

```
.heading {
  padding: 10px 12px;
  background: url('../images/bg-slash.gif');
  letter-spacing: 1px;
  font-size: 1.6rem;
}
```

backgroundプロパティに画像のURLを指定し、背景画像を表示します。

今回の見出しのように繰り返しで表現できる柄であれば小さな画像を縦横に敷きつめることで再現できるため、画像サイズを抑えることができます。

次に更新履歴本体のコーディングです。まずは枠となる.scroll-listをコーディングしていきます。

**更新履歴のCSS**

```
.scroll-list {
  max-height: 220px;        ② 
  overflow-y: auto;         ①
  margin-bottom: 30px;
  list-style-type: none;    ③
}
```

リスト項目を囲む.scroll-listにheightまたはmax-heightプロパティで高さを指定しoverflow-y: auto;を指定すると、子要素であるリスト項目の高さが親要素の高さを上回った場合に、はみ出た領域を縦方向にスクロールして見ることができます（❶）。

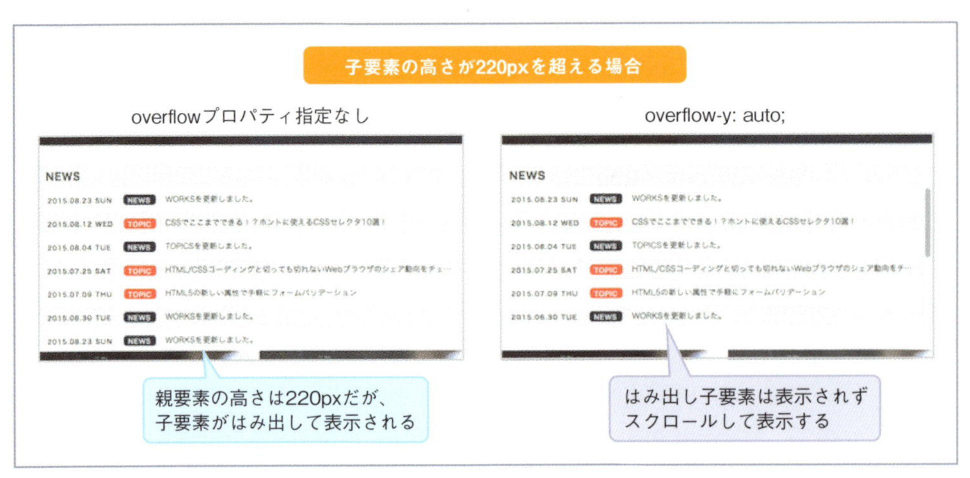


図4.5 overflowプロパティによる表示の変化

さらに高さの指定にはheightではなくmax-heightプロパティを使用することで、中の要素が少ない場合にはその高さにあわせて親要素の高さも縮むようになります（❷）。逆に要素が少ない場合にも一定の高さを保持したい場合にはheightプロパティを使用しましょう。

図4.6 heightプロパティとmax-heightプロパティの違い

**ONE POINT**

### overflowプロパティ

overflowプロパティでは要素からはみ出したコンテンツの表示方法を指定できます。指定できる値は以下の4種類です。

- visible（初期値）……… はみ出したコンテンツを要素の外に表示する
- hidden ……… はみ出したコンテンツを表示しない
- scroll ……… はみ出したコンテンツをスクロールして表示する（スクロールバーは常に表示される）
- auto ……… 表示のされ方はブラウザに依存する（一般的には、スクロール領域がある場合のみスクロールバーが表示され、はみ出したコンテンツをスクロールできる）

また、縦方向と横方向の表示方法を個別に指定したい場合にはoverflow-xプロパティとoverflow-yプロパティを使用します。overflow-yプロパティは縦方向、overflow-xプロパティは横方向の表示方法を指定します。

**ONE POINT**

### width、min-width、max-widthプロパティ

CSSで幅と高さを指定するのはwidth/heightプロパティですが、他にもmin-width、max-width、min-height、max-heightというプロパティもあります。

widthプロパティはその名のとおり、幅を指定するのでwidth: 100px;と指定した要素は幅が100pxになり、中の要素はその幅内で折り返されます。min-width: 100px;の場合は最小幅が

100pxになるので、中の要素の幅が100px以下の場合は要素幅が100pxになりますが、中の要素の幅が100px以上である場合にはそれにあわせて要素幅も広がります。max-width: 100px;の場合は最大幅が100pxになり、中の要素の幅が100px以下の場合はそれにあわせて要素幅も縮みますが、中の要素の幅が100px以上になっても要素幅は100px以上にはならず中の要素が折り返されます。

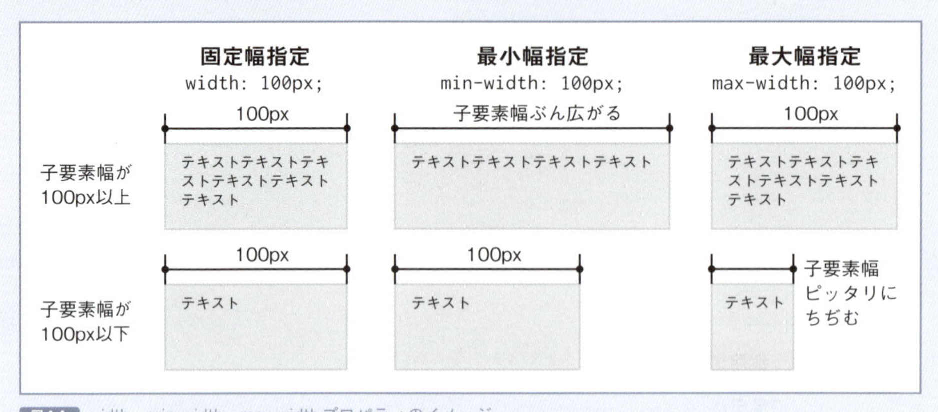


図4.A width、min-width、max-widthプロパティのイメージ

heightの場合も幅が高さに変わるのみで他の動きは同様です。

加えて、ul要素にデフォルトで表示されるリストマークをlist-style-type: none;で消します（❸）。

続いて子要素になるリスト項目のコーディングをしていきましょう。

**更新履歴のCSS リスト項目**

```
.scroll-list .scroll-item a {
  display: block;                                          ❶
  padding: 10px 15px;
  color: #333;
  transition: background-color 0.1s;
}
.scroll-list .scroll-item:nth-of-type(even) a {
  background: url('../images/bg-slash.gif');               ❷
}
.scroll-list .scroll-item a:hover {
  background-color: #fafaf8;                               ❸
}
```

リスト項目の全体をリンク領域にしたいので、a要素にdisplay: block;を指定します（❶）。さらに偶数行のリスト項目にストライプの背景がつくように背景画像を指定します（❷）。

ONE POINT

## nth-of-typeとnth-child擬似クラス

要素名:nth-of-type(n)で「同じ階層のn番目の要素」にスタイルをあてることができます。nに指定できるのは、整数、数式、even（偶数）、odd（奇数）です。

```
<ul>
    <li>1番目のli要素</li>
    <li>2番目のli要素</li>
    <li>3番目のli要素</li>
    <li>4番目のli要素</li>
    <li>5番目のli要素</li>
    <li>6番目のli要素</li>
</ul>
```

```
li:nth-of-type(4) {  ──→ 4番目
    font-weight: bold;
}
li:nth-of-type(3n) {  ──→ 3の倍数
    color: red;
}
li:nth-of-type(odd) {  ──→ 奇数
    background-color: pink;
}
```

1番目のli要素
2番目のli要素
3番目のli要素
**4番目のli要素**
5番目のli要素
6番目のli要素

図4.A 表示結果

1点注意点として、nth-of-typeをクラス指定と併用してもそのクラスの要素だけが数えられるわけではなく、常に要素ごとの順番が数えられます。

```
<p class="sample">p.sample</p>
<p class="sample">p.sample</p>
<p class="sample">p.sample</p>
<div class="sample">div.sample</div>
<div class="sample">div.sample</div>
<div>div</div>
```

```
.sample:nth-of-type(odd) {
  color: red;
}
```

この場合、赤くなるのは「.sample全体で順番を数えたときに奇数番目となる要素」ではなく、「要素別に順番を数えた時に奇数番目で、なおかつsampleというクラスがついた要素」になります。

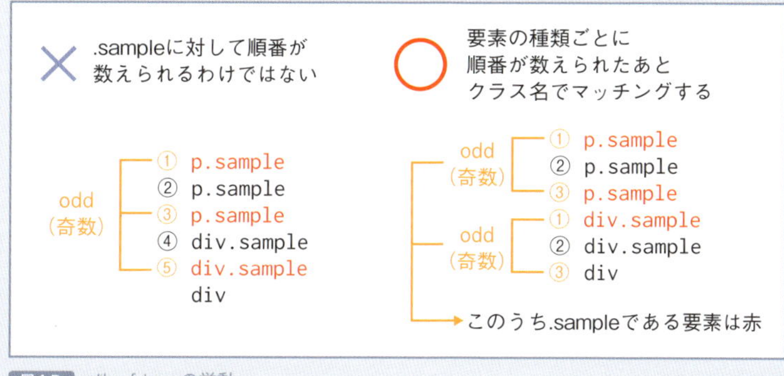


図4.B nth-of-typeの挙動

また、似た擬似クラスにnth-childがあります。nth-of-typeは前述したとおり要素ごとに順番を数えますが、nth-childは要素の種類にかかわらず同じ階層のすべての要素を通して数えます。

```
<div>
  <h1>見出し</h1>
  <p>1つ目の段落</p>
  <p>2つ目の段落</p>
</div>
```

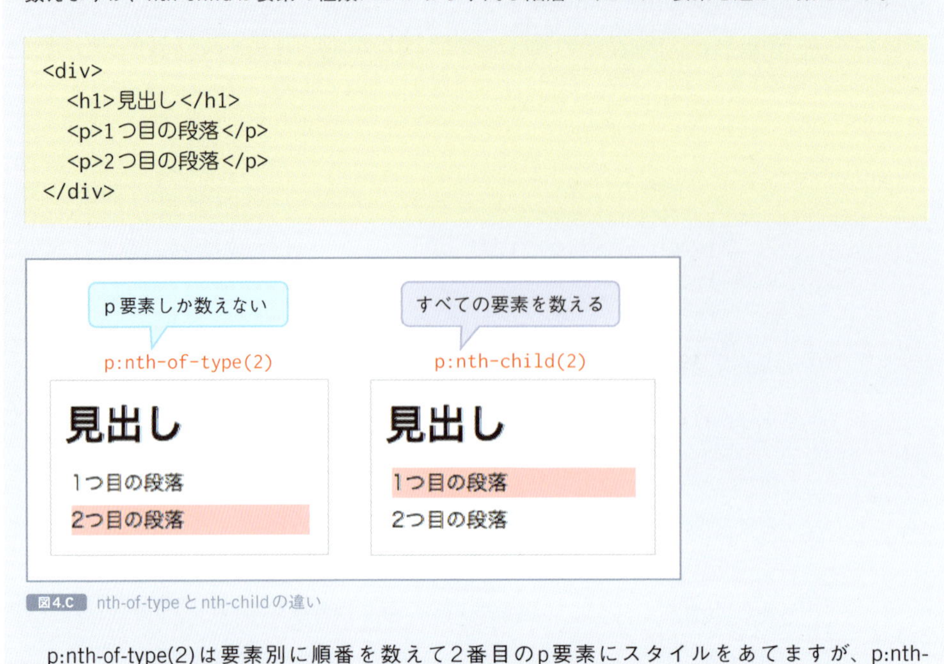


図4.C nth-of-typeとnth-childの違い

p:nth-of-type(2)は要素別に順番を数えて2番目のp要素にスタイルをあてますが、p:nth-child(2)はh1要素も含めて順番を数え、2番目の要素がp要素であればスタイルをあてます。

ストライプの背景をつけるときにセレクタで指定したいのは「.scroll-listの中の偶数番目の.scroll-itemの中のa要素」なのでセレクタは「.scroll-list .scroll-item:nth-of-type(even) a」となります。「.scroll-list .scroll-item a:nth-of-type(even)」のようにa要素に偶数指定をしてしまうと、a要素はどれも.scroll-item内の1つ目のa要素となるので奇数番目となり、スタイルが当たりません。

さらに、a要素にホバーしたときに薄い灰色の背景色がつくようにa:hoverに対してbackground-colorを指定します（❸）。先ほど指定したストライプの背景画像は、リスト

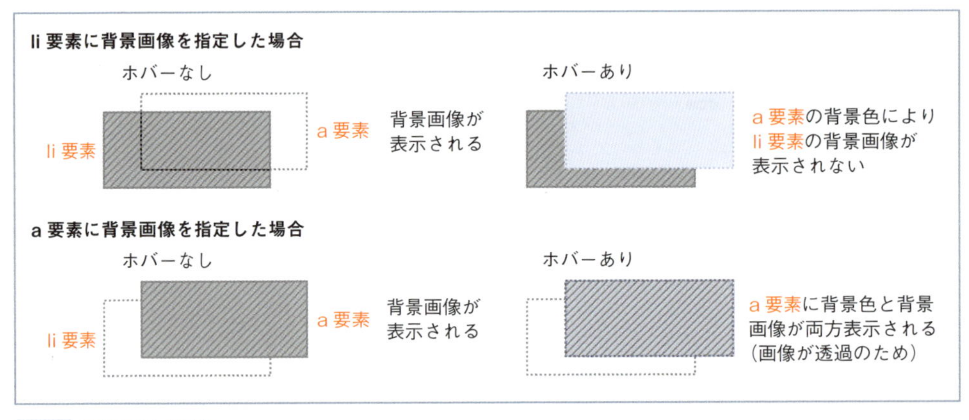


図4.7 背景画像と背景色

項目の背景という意味ではa要素ではなくli要素に指定してもいいように思えましたが、li要素に背景画像を指定してしまうとa要素にホバーしたときa要素に背景色がつくことによってその下にあるli要素の背景画像が隠れてしまいます。背景画像も背景色と同じくa要素に指定し、ホバーしたときにはbackground-colorのみを上書きすることで、background-imageの値は残すことができ、両方を合わせて見せることができます。

それではリスト項目の中身をコーディングしていきましょう。まずは日時、カテゴリ、テキストを横に並べるところからです。

**更新履歴のCSS［リスト項目の中身のレイアウト］**

```
.scroll-list .date {
  display: inline-block;
  width: 19%;  → ❶
}
.scroll-list .category {
  display: inline-block;
  width: 8%;  → ❶
}
.scroll-list .title {
  display: inline-block;
  width: 73%;  → ❶
  padding-left: 15px;
}
```

.scroll-listにはoverflow-y: auto;を指定して、子要素がはみ出した場合のみスクロールバーを表示する指定をしています。リストの行が増えてスクロールバーが表示された場合にはリストの領域がスクロールバーの幅ぶん狭まるので、リストの横幅が変わっても横並びを維持できるようwidthを親要素に対する割合で指定します（❶）。

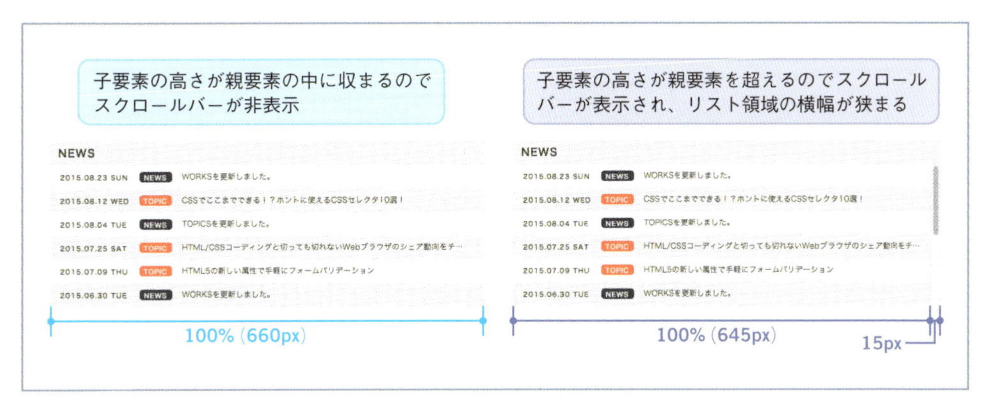


図4.8 スクロールバーぶんの領域を確保する

横に並ぶ要素のwidthの合計が100%になるように指定しますが、その場合に1つ注意が必要です。displayプロパティがinlineやinline-blockの要素は続けて記述したときに横に並んでいきますが、その際に、要素間に改行があるとその改行が半角スペースとして要素の間に挿入されてしまうのです。

横並びにしたい箇所のマークアップ

```
<a href="#">
  <time class="date" datetime="2015-08-23">2015.08.23 SUN</time>
  <span class="category news">NEWS</span>
  <span class="title">WORKSを更新しました。</span>
</a>
```

上記のコードでいうと、time要素の行の末尾とspan要素の2行の末尾にある改行が表示時に半角スペースとして要素間に挿入されてしまい、その半角スペースぶんの幅によって最後のspan要素が親要素の横幅に入りきらなくなり、下に落ちてしまいます。

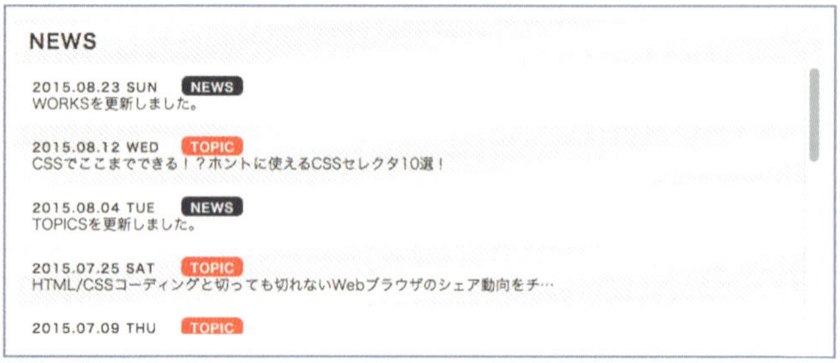

NEWS
2015.08.23 SUN NEWS
WORKSを更新しました。
2015.08.12 WED TOPIC
CSSでここまでできる！？ホントに使えるCSSセレクタ10選！
2015.08.04 TUE NEWS
TOPICSを更新しました。
2015.07.25 SAT TOPIC
HTML/CSSコーディングと切っても切れないWebブラウザのシェア動向をチ…
2015.07.09 THU TOPIC

図4.9 半角スペースが挿入され、横幅が足りなくなる

解決策として、親要素にfont-size: 0;を指定することにより、挿入された半角スペースのサイズを0にできます。

親要素のfont-sizeを0にする

```
.scroll-list .scroll-item a {
  display: block;
  padding: 10px 15px;
  color: #333;
  font-size: 0;  ———→ 追加
  transition: background-color 0.1s;
```

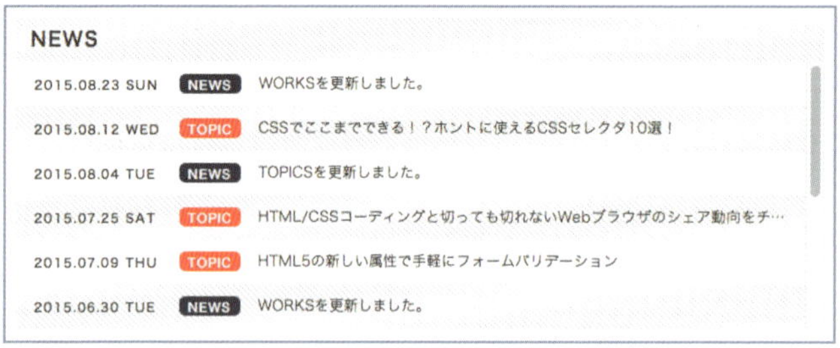

NEWS
2015.08.23 SUN NEWS WORKSを更新しました。
2015.08.12 WED TOPIC CSSでここまでできる！？ホントに使えるCSSセレクタ10選！
2015.08.04 TUE NEWS TOPICSを更新しました。
2015.07.25 SAT TOPIC HTML/CSSコーディングと切っても切れないWebブラウザのシェア動向をチ…
2015.07.09 THU TOPIC HTML5の新しい属性で手軽にフォームバリデーション
2015.06.30 TUE NEWS WORKSを更新しました。

図4.10 font-size: 0;で半角スペースのサイズを0にする

シンプルな解決策ですが、注意点としてはfont-size: 0;を指定した要素の子要素にはfont-sizeを指定し直す必要があります。

それぞれの子要素でfont-sizeを指定し直す

```
.scroll-list .date {
  /* 省略 */
  font-size: 1.0rem;  → 追加
}
.scroll-list .category {
  /* 省略 */
  font-size: 1.0rem;  → 追加
}
.scroll-list .title {
  /* 省略 */
  font-size: 1.2rem;  → 追加
}
```

こうすることで、親要素の中身いっぱいに子要素を配置することができます。

ただし、一部の古いAndroid端末ではfont-size: 0;の指定が効かないという注意点があります。改行によるスペースを非表示にする方法は他にもあるので、対象デバイスとブラウザを踏まえたうえで選択しましょう。

ONE POINT

### 改行によるスペースの非表示

ソースの改行によってインラインレベルの要素の間に入るスペースをfont-size: 0;の指定で非表示にする方法を紹介しましたが、対処法は他にもあります。

HTML内でタグの間に改行文字をはさまないよう工夫することでもスペースの挿入を回避できます。

改行をしない

```
<div class="parent">
  <span>テキスト</span><span>テキスト</span><span>テキスト</span>
</div>
```

タグの中で改行する

```
<div class="parent">
  <span>テキスト</span
  ><span>テキスト</span
  ><span>テキスト</span>
</div>
```

改行をコメントアウトする

```
<div class="parent">
  <span>テキスト</span><!--
  --><span>テキスト</span><!--
  --><span>テキスト</span>
</div>
```

　また、displayプロパティの値をinline/inline-block以外にすることでも改行によるスペースの挿入を回避できます。

#### float: left; を使用する

```
.parent span {
  float: left;
}
```

　floatを指定した要素のdisplayプロパティの値は暗黙的にblockになります。floatを使用する場合は横並びにする要素の終端で回り込みの解除が必要です。参照 floatとclearfix→P.25

#### display: table; を使用する

```
.parent {
  display: table;
}
.parent span {
  display: table-cell;
}
```

　table-cellによる横並びのコーディングはPART3で紹介しています。
参照 display:table;→P.165

#### display: flex; を使用する

```
.parent {
  display: flex;
}
```

　CSS3で追加されたdisplay: flex;を使用しても横並びの表現ができますが、ブラウザによって対応がまちまちで、現在プレーンなCSSで使用するためにはブラウザによってプロパティ名が異なったりベンダープレフィックスが必要になったりと冗長な記述が必要になるため、本書のサンプルサイトでは使用していません。しかしdisplay: flex;を使用すると柔軟なレイアウトができるため、モダンブラウザの普及に従って使用できる場面も増えていくでしょう。display: flex;についてはPART2末尾のコラムにて概要をご紹介しています。参照 Flexbox→P.136
　注意点として、displayプロパティをinline/inline-block以外に指定する場合はインラインレベルの要素ではなくなるため、text-alignやvertical-alignが効かなくなるなどの影響があります。
　HTMLで対処するかCSSで対処するかは好みが分かれるところです。該当箇所のHTMLの構成やコーディング規約、書く人の好みなどを考慮して一番無理のない方法をとるとよいでしょう。筆者は記述量が少なく済むCSSでの対処を好んでいます。

　続いて、中に入る子要素の見た目を1つずつデザインに合わせていきましょう。まずは日付部分です。

日付部分のCSS

```
.scroll-list .date {
  display: inline-block;
  width: 19%;
  letter-spacing: 1px;
  font-weight: bold;
  font-size: 1.0rem;
}
```

文字を太字にし、文字間を少しあけます。
次にカテゴリ部分です。背景色に白抜きでアイコンのような見た目になっています。

カテゴリ部分のCSS

```
.scroll-list .category {
  display: inline-block;
  width: 8%;
  border-radius: 5px;
  background-color: #d03c56;
  color: #fff;
  text-align: center;
  letter-spacing: 1px;
  font-size: 1.0rem;
  line-height: 16px;
}
```

背景色と文字色を指定し、border-radiusプロパティで角丸にします。高さはline-heightプロパティで指定します。text-align: center;で中央寄せにし、letter-spacingプロパティで文字の間隔をあけます。

さらに、カテゴリがNEWSの場合は色が変わるデザインのため、newsというクラスがついていたら背景色が変わるようにしましょう。

カテゴリ部分のCSS［色変更］

```
.scroll-list .category.news {
  background-color: #2c3c53;
}
```

最後はテキスト部分です。テキスト部分は長くなって入りきらない箇所を「…」で省略して表示したいですが、これもCSSだけで実現することができます（❶）。

テキスト部分のCSS

```
.scroll-list .title {
  display: inline-block;
  width: 73%;
  padding-left: 15px;
```

```
  overflow: hidden;
  text-overflow: ellipsis;
  white-space: nowrap;
  font-size: 1.2rem;
}
```
❶

ONE POINT

### text-overflow

text-overflowプロパティで、表示領域からはみ出て見えなくなるテキストの境目の表示方法を指定できます。指定できる値は以下の2つです。

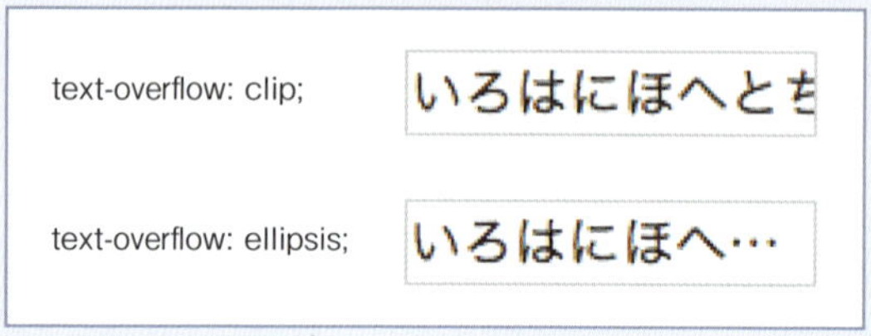

| | |
|---|---|
| text-overflow: clip; | いろはにほへとち |
| text-overflow: ellipsis; | いろはにほへ… |

図4.A text-overflowプロパティによる表示

- clip（初期値）……… 表示領域を境目にして非表示になります。境目に文字がかぶっている場合は文字が途中で途切れます。
- ellipsis ……… 非表示になるテキストの手前で、表示領域に収まるように省略記号（…）を表示します。

text-overflowの指定はテキストが横方向へはみ出した場合にのみ適用されますが、通常の場合親要素の幅を超える文字は横にはみ出さず折り返されて下にはみ出てしまうので、折り返しを禁止するwhite-space: nowrap;が必要です。また、通常の場合親要素をはみ出したテキストはそのまま表示されるので、はみ出した部分を非表示にするoverflow: hidden;の指定も必要です。この2つのプロパティをあわせて指定することではじめてtext-overflowの指定が反映されます。

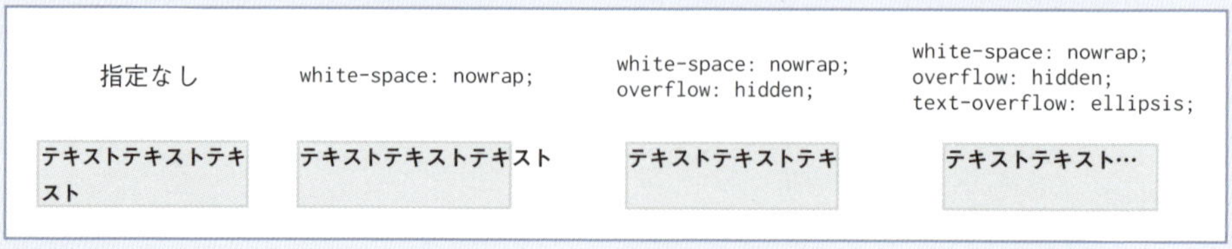

| 指定なし | white-space: nowrap; | white-space: nowrap;<br>overflow: hidden; | white-space: nowrap;<br>overflow: hidden;<br>text-overflow: ellipsis; |
|---|---|---|---|
| テキストテキストテキ<br>スト | テキストテキストテキスト | テキストテキストテキ | テキストテキスト… |

図4.B text-overflowが有効になるまでの流れ

- text-overflow: ellipsis;
- white-space: nowrap;
- overflow: hidden;

この3つをセットで覚えておくとよいでしょう。

ちなみに、white-space: nowrap;を指定することで折り返しが禁止されるので、2行以上の文章で2行目の文末にtext-overflowを適用するというようなことはできません。

## ARTICLES（記事ブロック）

最後に、複数の記事ブロックが並ぶエリアをコーディングします。

まずはHTMLのマークアップです。

記事ブロックのHTML

```
<h2 class="hidden">ARTICLES</h2>
<div class="clearfix">
  <a href="#" class="article-box">
    <h3 class="title">実務で使えるHTML/CSSモダンコーディングTIPS</h3>
    <p class="desc">新しい要素が増えて大幅に表現力が広がったHTML5/CSS3を活用し、➡
モダンなコーディングにチャレンジしましょう！</p>
    <time class="date" datetime="2015-06-17">2015.06.17 WED</time>
    <img class="image" src="./images/article.jpg" alt="コーディング画面">
  </a>
  <a href="#" class="article-box">
    <h3 class="title">実務で使えるHTML/CSSモダンコーディングTIPS</h3>
    <p class="desc">新しい要素が増えて大幅に表現力が広がったHTML5/CSS3を活用し、➡
モダンなコーディングにチャレンジしましょう！</p>
    <time class="date" datetime="2015-06-17">2015.06.17 WED</time>
    <img class="image" src="./images/article.jpg" alt="コーディング画面">
  </a>
  …省略…
</div>
```

すべての記事を囲む.clearfixの中に.article-boxをfloatで並べていきます。

デザイン上は各ブロックの最上部に画像がきていますが、HTMLの構造上は見出しが各ブロックの頭にくるように、h3要素を先に記述します。

まずは.article-boxが左右に並んでいくようにCSSでコーディングしていきます。

記事ブロックのCSS

```
.article-box {
  display: block;
  width: 315px;
  margin-bottom: 30px;
}
.article-box:nth-of-type(odd) {
  float: left;
}
.article-box:nth-of-type(even) {
  float: right;
}
```

a要素なのでdisplay: block;を指定してから幅を指定します。メイン領域の横幅が660pxで、記事同士の間隔を30pxあけたいため、左右の記事に使える領域は660－30＝630pxです。それを2で割り、1つの記事の横幅は315pxになります。奇数個目の記事はfloat: left;で左寄せ、偶数個目の記事はfloat: right;で右寄せにすることで記事が左右に寄

り、間に30pxのすき間があきます。参照 nth-of-typeとnth-child擬似クラス→P.61

次に.article-boxのデザインをコーディングします。

記事ブロックのCSS［デザインの指定］

```
.article-box {
  position: relative;
  display: block;
  width: 315px;
  height: 360px;
  margin-bottom: 30px;
  padding: 210px 15px 0;
  box-shadow: 6px 6px 8px -4px rgba(0, 0, 0, 0.15);
  transition: opacity 0.15s;
}
.article-box:hover {
  opacity: 0.8;
}
```

中の画像をposition: absolute;で配置するため、親となる.article-boxにはposition: relative;を指定し、画像が配置されるエリアを上方向のpaddingで確保します。

参照 positionプロパティ→P.170

ホバーしたときは特集エリアと同様にtransitionを使用してふわっとopacityを下げます。

続いて中の要素をコーディングしていきます。

記事ブロックのCSS［見出しとテキスト］

```
.article-box .title {
  margin-top: 30px;
  color: #555;
  font-size: 1.4rem;
  line-height: 1.6;
}
.article-box .desc {
  margin-top: 5px;
  color: #333;
  overflow: hidden;          ─┐
  text-overflow: ellipsis;    ├→ ❶
  white-space: nowrap;       ─┘
}
```

デザインと同じになるようにフォントサイズ、行間、文字色を指定していきます。本文は1行だけ表示するため、更新履歴と同じくはみ出した部分が省略されるように前節で解説した3つのプロパティを指定しましょう（❶）。

続いて日付部分です。

記事ブロックのCSS［日付］

```
.article-box .date {
  position: absolute;
  right: 0;
  bottom: 15px;
  display: block;
  width: 160px;
  padding: 4px;
  background-color: #b5d264;
  color: #2d3d54;
  text-align: center;
  letter-spacing: 1px;
  font-weight: bold;
  font-size: 1.1rem;
}
```

time要素のdisplayプロパティの初期値はinlineなので、blockに上書きしてからwidthプロパティとpositionプロパティを指定します。右端寄せで下から15pxの位置に表示されるようにしましょう。あとはデザインにあわせて背景色、文字色、文字サイズ、文字間隔を指定すれば完了です。

最後に画像を配置します。

記事ブロックのCSS［画像］

```
.article-box .image {
  position: absolute;
  top: 0;
  left: 0;
  width: 100%;
}
```

画像の幅が.article-boxと同じ幅になるようwidth: 100%;を指定します。position: absolute;で左上に寄せてボックスの上半分に表示されれば完成です。

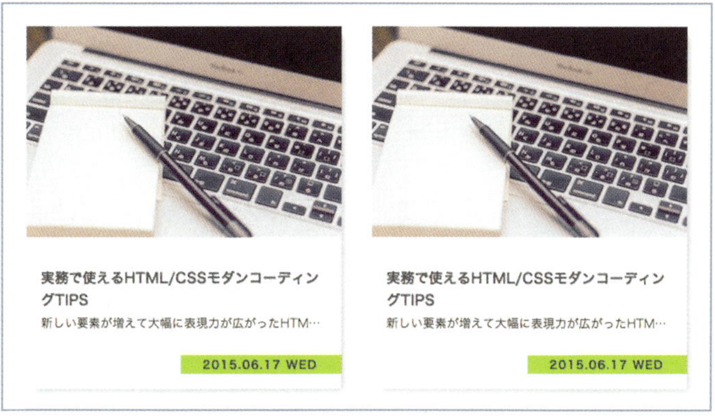


図4.11 記事ブロック1段目の最終的な表示

Chapter 05

# サイドメニューのコーディング

**ページ間の導線になるリンクを多く配置できるサイドメニューをコーディングしていきます。**

## 要素とサイズの確認

次にサイドメニューをコーディングしていきましょう。サイドメニューの中にはランキング、ドキュメントリスト、検索フォームの3つのエリアがあります。

図5.1 サイドメニュー領域の要素とサイズ

## ランキング

まずはランキング形式の記事一覧リストをコーディングします。

ランキングのHTML

```
<h2 class="heading">RANKING</h2>
<ol class="ranking">
  <li class="ranking-item">
    <a href="#">
      <img class="image" src="./images/ranking.jpg" alt="グラフの画像">
      <span class="order"></span>
      <p class="text">HTML/CSSコーディングと切っても切れないWebブラウザの➡
シェア動向をチェックしよう</p>
    </a>
  </li>
  …省略…
</ol>
```

リストを表わす要素にはol要素（Ordered List）とul要素（Unordered List）があります。2つの要素の違いは「リスト項目の順序に意味があるかどうか」です。順序に意味があるリストにはol要素、意味がないリストにはul要素を使用します。ランキングは順序が順位を表わしており、順序が変わると意味が変わるリストなので、ol要素でマークアップしました。

デザインではリスト項目ごとに順位の数字が表示されています。これを実現するためにはHTML上で順位の数字を直に書いていくこともできますが、今回はHTML上でのli要素のマークアップはすべて同じものにし、CSSを活用してCSS側で順位の表示を行なってみましょう。HTML上では2つ目以降のli要素も1つ目のli要素と同じ内容になるので、上記のコードでは省略しました。

順位を表示する前に、それ以外の部分のスタイルをCSSで整えていきましょう。まずは枠になるol、li、a要素のスタイルです。

ランキングのCSS［大枠］

```
.ranking {
  margin-bottom: 30px;
  list-style-type: none; ──────────→ ❶
}
.ranking .ranking-item {
  margin-top: 15px; ──────────→ ❷
}
.ranking .ranking-item a {
  display: block;
  font-size: 0; ──────────→ ❸
  transition: opacity 0.15s; ──────────→ ❹
}
.ranking .ranking-item a:hover {
  opacity: 0.8; ──────────→ ❹
}
```

.rankingであるol要素にはデフォルトで通し番号が表示されますが、その表示をlist-style-type: none;で消します（❶）。.ranking-itemは並んだとき上下に間隔があくよう、上方向に15pxのマージンをとります（❷）。中のa要素にdisplay: block;を指定し、その中の要素をinline-blockで並べるため、すき間が表示されないようfont-size: 0;を指定します（❸）。またホバーしたときのエフェクトも指定します（❹）。

続いて、リスト項目の中身をコーディングしていきます。順位の表示部分は後に回し、画像部分とテキスト部分をコーディングします。

ランキングのCSS［中身］

```
.ranking .image {
  width: 55px;
  height: 55px;
}
.ranking .text {
  display: inline-block;
  width: 182px;
  color: #000;
  vertical-align: top;   ❶
  font-size: 1.2rem;
  line-height: 1.5;
}
```

特に変わったことはしていませんが、リスト項目内の要素の縦方向の並びを上揃えにしたいため、vertical-align: top;を指定しています（❶）。

ONE POINT

### vertical-alignプロパティ

vertical-alignプロパティでは要素の縦方向の配置の基準を指定できます。このプロパティはインラインレベルの要素、またはテーブルセルの要素に対してのみ有効です。

縦方向の配置の基準として、「vertical-alignを指定した要素のどこを親要素のどこに合わせるか」をキーワードや値で指定します。

以下、親要素となるdiv要素を青背景、vertical-alignを指定するspan要素を赤背景にして解説します。背景のついている領域はそれぞれの行の高さ（line-height）です。

- baseline ……… 対象要素のベースラインを親要素のベースラインに揃えます。ベースラインとは欧文書体の基準となるラインで、大部分の英数字の底に面するラインです。

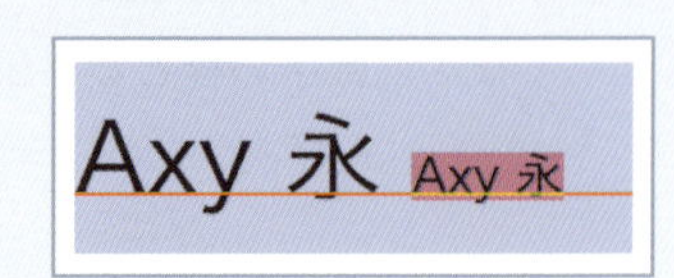


図5.A baseline

- middle ……… 対象要素の中央のラインを親要素の中央のラインに揃えます。

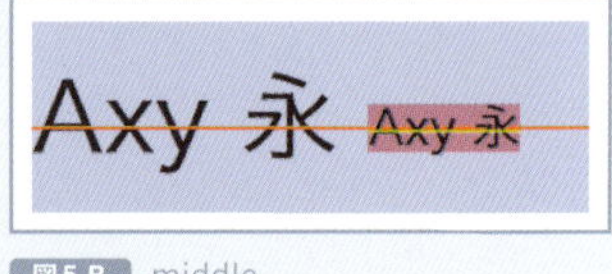


図5.B middle

- text-top ……… 対象要素の文字の最上部ラインを親要素の文字の最上部ラインに揃えます。

図5.C text-top

- text-bottom ……… 対象要素の文字の最下部ラインを親要素の文字の最下部ラインに揃えます。

図5.D text-bottom

- top ……… 対象要素の行の最上部ラインを親要素の行の最上部ラインに揃えます。

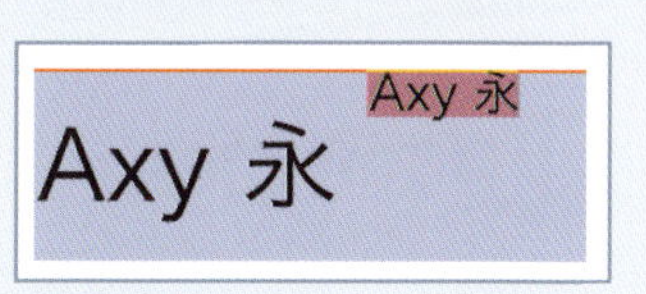


図5.E top

- bottom ……… 対象要素の行の最下部ラインを親要素の行の最下部ラインに揃えます。

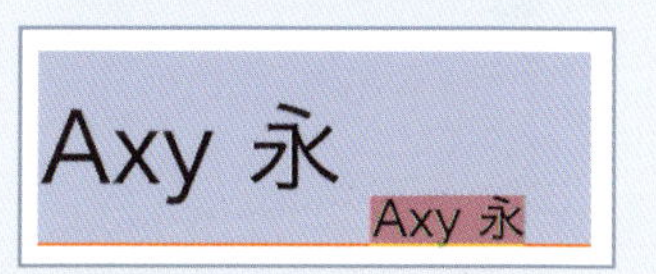


図5.F bottom

- 数値＋単位 ……… 対象要素のベースラインを、親要素のベースラインから指定の値ぶん距離を置いた位置に揃えます。

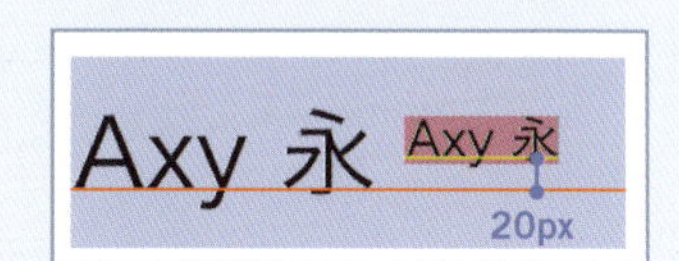


図5.G length

- % ……… 対象要素のline-heightの高さを100%として、対象要素のベースラインを親要素のベースラインから指定の割合ぶん距離を置いた位置に揃えます。

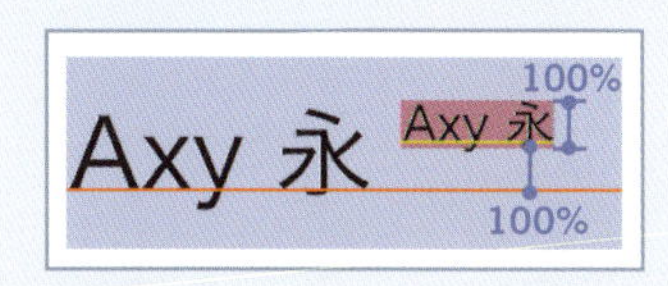


図5.H percentage

では順位の表示部分のCSSに入ります。ここで見るポイントは、「ひし形を作る方法」と「連続する番号を表示する方法」の2つです。

まずは数字の枠となる部分を作成していきましょう。上位3つの枠には順位に合わせて金銀銅の背景色がついていますが、ここではそれ以下の順位で使用するデフォルトの色でコーディングします。まずは四角い形でコーディングしましょう。

**ランキングのCSS［順位の枠］**

```
.ranking .order {
  display: inline-block;
  width: 18px;
  height: 18px;
  margin: 0 10px;
```

```
  border: 1px solid #ccc;
  color: #aaa;
  vertical-align: 20px;      → ❶
  text-align: center;
  font-weight: bold;
  line-height: 16px;         → ❷
}
```

vertical-alignの値を調節して、隣にある高さ55pxの画像に対して中央に表示されるように調整します（❶）。さらに中に入る順位を縦方向の中央寄せにするため、要素の内側の高さとline-heightの値を合わせます。内側の高さなので、heightの18pxからborderぶんの2pxを引いた16pxになります（❷）。

四角い枠ができました。ここからtransformプロパティを使用してこの要素を45度傾けます。

ONE POINT

### transformプロパティ

transformプロパティを使用すると要素を移動、回転、変形することができます。
指定できる効果は以下のとおりです。

#### scale（拡大、縮小）

scale(n)で要素をn倍に拡大できます。1未満の値を指定すると縮小になります。カンマで区切って2つの値を指定すると、最初の値は横方向の倍率、次の値は縦方向の倍率になります。scaleXとscaleYで個別に指定することもできます。

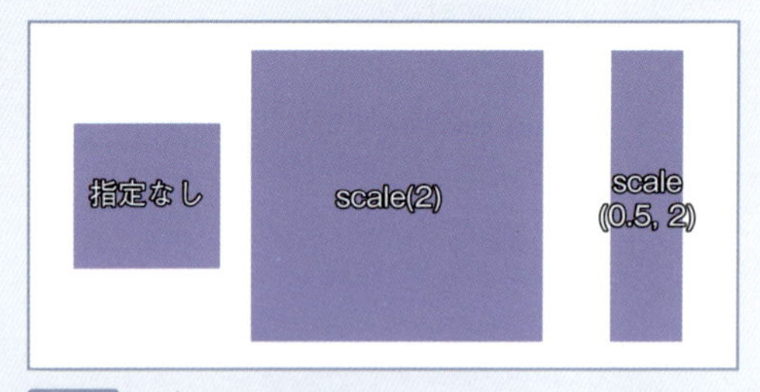


図5.A scale

```
transform: scale(2);         → scale(2, 2) と同義
transform: scale(0.5, 2);
transform: scaleX(0.5);      → 横方向のみの指定
transform: scaleY(2);        → 縦方向のみの指定
```

#### skewX、skewY（傾斜）

角度（単位deg）を指定し、要素を傾斜させます。skewXは左右への傾斜、skewYは上下への傾斜になります。

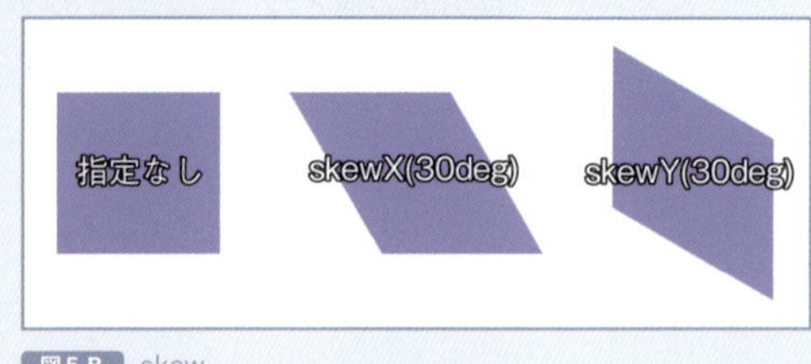


図5.B skew

```
transform: skewX(30deg);     → 横方向への傾斜
transform: skewY(30deg);     → 縦方向への傾斜
```

### translate（移動）

指定した値ぶん要素を移動させます。カンマで区切って2つの値を指定すると、最初の値は横方向の移動幅、次の値は縦方向の移動幅になります。値が1つの場合は横方向の移動幅のみの指定になります。

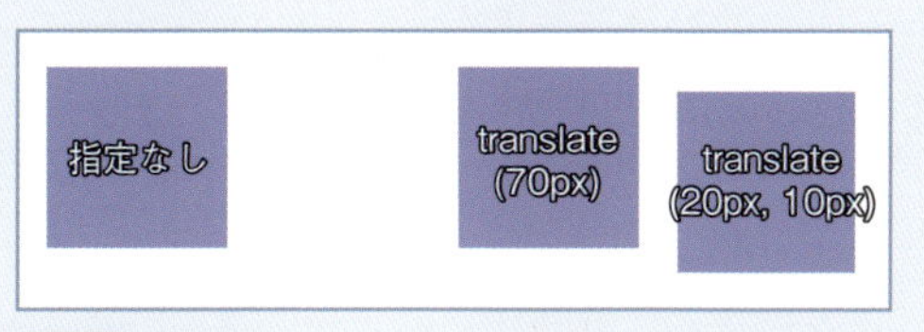

図5.C translate

```
transform: translate(70px);        → translate(70px, 0) と同義。右に70px移動
transform: translate(20px, 10px);  → 右に20px移動、下に10px移動
transform: translateX(50px);       → 横方向のみの指定
transform: translateY(50px);       → 縦方向のみの指定
```

### rotate

角度（単位deg）を指定し、要素を回転させます。

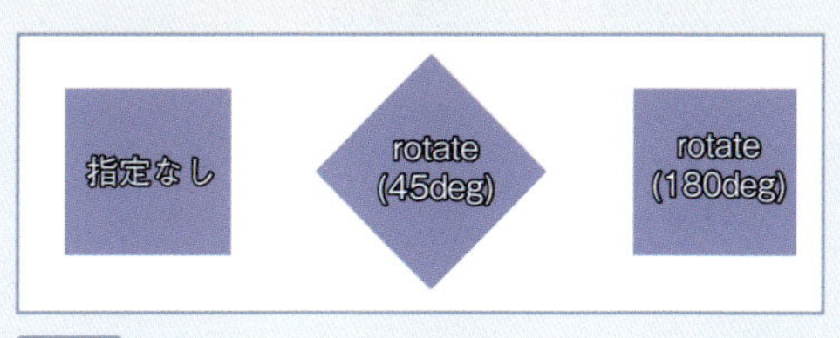

図5.D rotate

```
transform: rotate(45deg);
transform: rotate(180deg);
```

上記の変形の種類を半角スペース区切りでつなぎ、複数の効果をかけることもできます。効果が適用される順番は右から左の順になります。

図5.E 複数の効果

```
transform: skewX(30deg);
transform: rotate(90deg) skewX(30deg);  → skewX→rotate の順で適用
```

変形するときの基準になる点はtransform-originプロパティで指定できます。1つ目の値が横方向、2つ目の値が縦方向の値となります。このプロパティの初期値は50% 50%なので、デフォルトでは要素の中心を基準として変形が行なわれます。

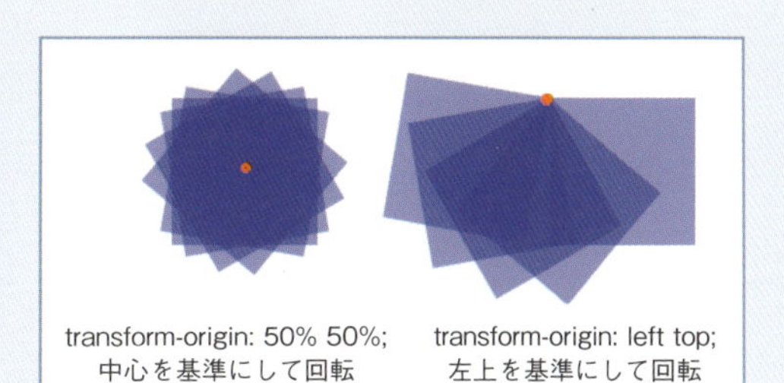

図5.F transform-originによるrotateの挙動

```
transform-origin: 50% 50%;   → 要素の中心（初期値）
transform-origin: left top;  → 要素の左上
```

Safari 8以下とIE9ではtransformプロパティにベンダープレフィックスが必要なので、-webkit-と-ms-のベンダープレフィックスもあわせて使用します。

ランキングのCSS［順位の枠］

```
.ranking .order {
  display: inline-block;
  width: 18px;
  height: 18px;
  margin: 0 10px;
  border: 1px solid #ccc;
  color: #aaa;
  vertical-align: 20px;
  text-align: center;
  font-weight: bold;
  line-height: 16px;
  -webkit-transform: rotate(45deg);
  -ms-transform: rotate(45deg);
  transform: rotate(45deg);
}
```

追加

これで枠がひし形になりました。

ONE POINT

### ベンダープレフィックス

ベンダープレフィックスとは、仕様が未確定な機能をブラウザが先行実装したり、独自の拡張機能を実装する場合に、そのことを明示するために付ける識別子です。プレフィックスとは接頭辞という意味で、ブラウザの種類ごとにベンダープレフィックスがあります。

表5.A ブラウザごとのベンダープレフィックス

| 識別子 | ブラウザ |
|---|---|
| -ms- | Internet Explorer |
| -webkit- | Google Chrome、Safari |
| -moz- | Firefox |
| -o- | Opera |

ベンダープレフィックスの使用例

```
.sample {
  -webkit-transform: rotate(45deg);
  -moz-transform: rotate(45deg);
  -ms-transform: rotate(45deg);
  -o-transform: rotate(45deg);
  transform: rotate(45deg);
}
```

新しい仕様は、

草案（原案の公開）→勧告候補→勧告案（仕様確定案）→勧告（仕様確定）

という流れで定められていきますが、ベンダープレフィックスは草案段階の機能を実装する際につけることが推奨されており、その機能が勧告候補になった場合には外すことが推奨されています。

HTMLやCSSに関する、ある機能の対応済みブラウザやベンダープレフィックスの要不要を調べる際には以下のサイトが便利です。

- **Can I use... Support tables for HTML5, CSS3, etc**
  http://caniuse.com

調べたいキーワードを入力すると、対応済みブラウザは緑、非対応ブラウザは赤で表示されます。ベンダープレフィックスつきで対応しているブラウザには緑の上に黄色のマークがつき、ホバーすると情報を表示してくれます。

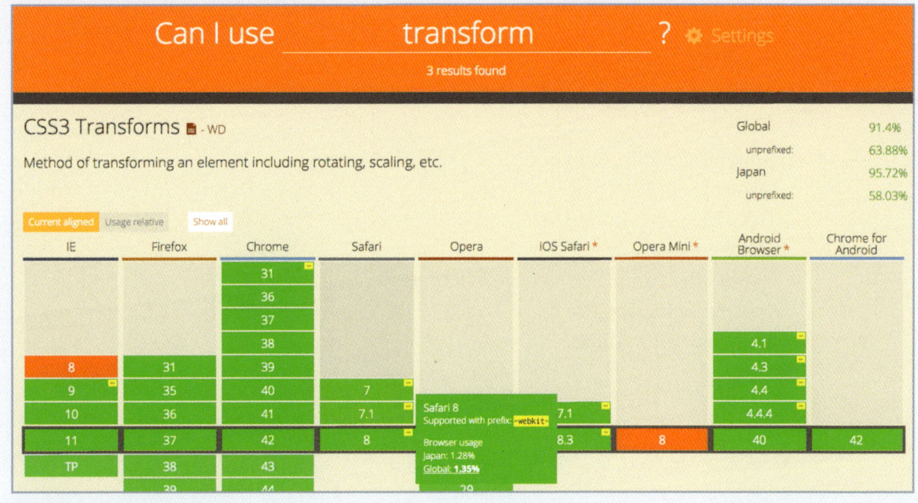


図5.A Can I use サンプル

機能の仕様策定状況やブラウザの対応状況は日々変わっていきます。仕様の策定が進んだ機能はベンダープレフィックスがなくても動くようになり、最終的にはベンダープレフィックスのついたプロパティは動作しなくなるため、新しい機能を使用する際には今現在の対応状況を調べておくことが大切です。

さらに、上位3つの枠にそれぞれの順位に合った背景色をつけましょう。

ランキングのCSS［順位の枠の色］

```
.ranking .ranking-item:nth-of-type(1) .order,
.ranking .ranking-item:nth-of-type(2) .order,
.ranking .ranking-item:nth-of-type(3) .order {
  border: none;
  color: #fff;
  font-weight: normal;
  line-height: 18px; ──────────────────→ ❶
}
.ranking .ranking-item:nth-of-type(1) .order {
  background-color: #dab413;
}
.ranking .ranking-item:nth-of-type(2) .order {
  background-color: #6e7b84;
}
.ranking .ranking-item:nth-of-type(3) .order {
  background-color: #a0541a;
}
```

:nth-of-type(n) セレクタで「要素ごとに数えたn番目の要素」を指定できるので、1～3

番目までの要素に共通するスタイルと、それぞれの順位の背景色を指定します。

参照 nth-of-typeとnth-child擬似クラス➔P.61

1～3番目までの要素には枠線がないので、line-heightをheightと同じ18pxにします（❶）。

これで順位の枠ができあがりました。続いて、中に入る順位の数字をコーディングします。順位の枠である.orderの::before擬似要素を使用して数字を挿入します。

ランキングのCSS［順位の数字］

```
.ranking .order::before {
  content: '1';
  display: inline-block;
  font-size: 1.0rem;
  -webkit-transform: rotate(-45deg);
  -ms-transform: rotate(-45deg);
  transform: rotate(-45deg);
}
```

❶

外枠を45度傾けているので、中の数字をそのまま表示すると数字の表示も45度傾いてしまいます。そこで::before擬似要素を-45度傾けると数字が逆方向に45度傾くことで傾きが相殺され、まっすぐ数字が表示されます（❶）。transformプロパティはdisplayがinlineの要素にはかけられないため、display: inline-block;を指定しています。

図5.2 傾きの相殺

では数字を項目の順番に合わせてカウントアップしてみましょう。CSSカウンタを使用します。

ONE POINT

### CSSカウンタ

CSSカウンタはCSS2.1からある機能で、CSSの中でカウンタを定義して値を増やしたり表示したりすることができます。カウンタを使用するのに必要な手順は4つです。

- カウンタの名前を決める
- カウンタの値を0に初期化する ……… counter-reset: カウンタ名;
- カウンタの値を表示する ……… content: counter(カウンタ名);
- カウンタの値を増加させる ……… counter-increment: カウンタ名;

rankingという名前でCSSカウンタを使用してみましょう。

ランキングのCSS［順位の数字のカウントアップ］

```
.ranking {
  margin-bottom: 30px;
  list-style-type: none;
  counter-reset: ranking;                    → 追加 ❶
}
.ranking .order::before {
  content: counter(ranking);                 → 変更 ❷
  counter-increment: ranking;                → 追加 ❸
  display: inline-block;
  font-size: 1.0rem;
  -webkit-transform: rotate(-45deg);
  -ms-transform: rotate(-45deg);
  transform: rotate(-45deg);
}
```

まず、.rankingのスタイル内でrankingという名前のCSSカウンタを初期化します（❶）。このCSSカウンタの値を.order::before擬似要素に表示します（❷）。さらにカウンタの値を表示すると同時にcounter-increment: ranking;を指定して数字をインクリメント（1ずつ増加）することで、.order::before擬似要素が表示されるごとに順位が1つずつカウントアップされていきます（❸）。

これでHTML側のli要素はすべて同じマークアップのまま、デザインどおりのランキング表示ができあがりました。

## ドキュメントリスト

続いてドキュメントリストをコーディングします。

ドキュメントリストのHTML

```
<h2 class="heading">DOCUMENTS</h2>
<ul class="documents">
  <li>
    <h3 class="title">HTML5</h3>
    <ul>
      <li><a href="#">追加された要素</a></li>
      <li><a href="#">削除された要素</a></li>
      <li><a href="#">意味が変わった要素</a></li>
      <li><a href="#">HTML5のコンテンツモデル</a></li>
    </ul>
  </li>
  <li>
    <h3 class="title">CSS3</h3>
    <ul>
      <li><a href="#">追加されたプロパティ</a></li>
      <li><a href="#">追加されたセレクタ</a></li>
      <li><a href="#">追加された単位</a></li>
```

```
      </ul>
    </li>
    <li>
      <h3 class="title">JavaScript</h3>
      <ul>
        <li><a href="#">JavaScriptの言語仕様</a></li>
        <li><a href="#">ECMAScriptとは？</a></li>
        <li><a href="#">jQueryとは？</a></li>
      </ul>
    </li>
    <li>
      <h3 class="title">Sass, Less, Stylus</h3>
      <p>準備中</p>
    </li>
    <li>
      <h3 class="title">TypeScript</h3>
      <p>準備中</p>
    </li>
  </ul>
```

これまではなるべくクラスに対してCSSをあてていましたが、documentsのコーディングではセレクタの紹介を兼ねてul、li要素に直接スタイルをあてていきます。

見出しのリストがあり、その中にリンクのリストがあるので、ul要素を入れ子にして使用しています。ul要素の直下にはli要素以外の要素を置くことはできませんが、li要素の中になら別のul要素を配置することができ、入れ子になったリスト型の構造を表わすことができます。

まずは第1階層目のリストからコーディングしていきましょう。

ドキュメントリストのCSS［第1階層目］

```
.documents {
  margin: 10px 10px 30px;
}
.documents,
.documents ul {
  list-style-type: none;  ──────────────→ ❶
}
.documents > li .title {  ──────────────→ ❷
  margin: 15px 0;
  padding-left: 8px;
  border-left: 5px solid #d03c56;
  font-size: 1.4rem;
  line-height: 1.2;
}
.documents > li + li {  ──────────────→ ❸
  margin-top: 25px;
}
```

.documentsとその中に出てくるulに対してlist-style-type: none;を指定し、デフォルトで表示されるリストマークを消します（❶）。

要素を指定するセレクタの中に、.documents > liという記法が出てきました（❷）。普段よく使うスペース区切りの指定方法は子孫セレクタといい、たとえばul liだと「ul以下にあるli」を表わします。それに対して間に>記号をはさむ指定は子セレクタといい、「ulの直下のli」を表わします。

リストが入れ子になっている今回のケースの場合、.documents liと半角スペースで区切ると階層にかかわらず.documents以下のすべてのli要素が対象になってしまいますが、.documents > liと指定することで直下である第1階層目のliのみにそのスタイルが当たるよう絞り込むことができます。

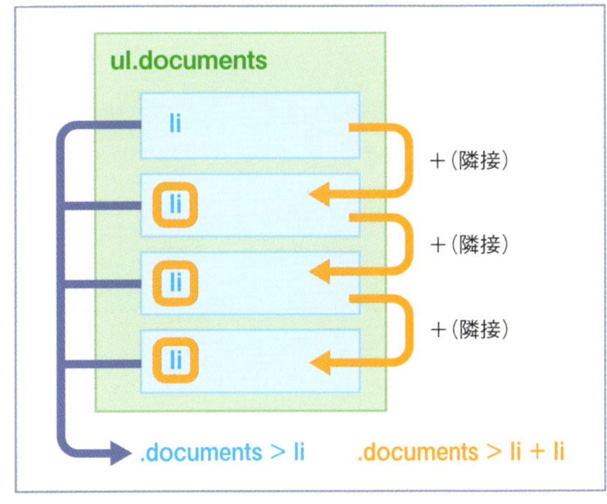


図5.3 子セレクタと隣接セレクタ

表5.1 結合子となるセレクタの種類

| セレクタ | 意味 | |
|---|---|---|
| A B | 子孫セレクタ | A以下にあるB |
| A > B | 子セレクタ | A直下にあるB |
| A + B | 隣接セレクタ | Aの直後にあるB |
| A ~ B | 間接セレクタ | Aと同階層でA以降にあるB |

❸ではセレクタが+記号で連結されています。これは隣接セレクタといい、ある要素と隣接して直後に続く要素を表わします。.documents > li + liの場合は「.documents > li のあとに続くli」なので、.documentsの直下にあるliのうち2つ目以降のliに対して適用されます。

続いて、2階層目のリストのスタイルとリンクのスタイルを定義します。

ドキュメントリストのCSS［第2階層目］

```
.documents > li ul {                                          ❹
  margin: 15px;
}
.documents > li ul > li {                                     ❺
  margin-bottom: 15px;
  padding-left: 10px;
  background: url('../images/arrow.gif') no-repeat left center;  ❻
}
.documents a:hover {
  text-decoration: underline;
}
```

.documents > li ul という指定で、第1階層目のliの中にあるulを指定できます（❹）。.documents > li > ul としていないので、この場合、第2階層目だけでなく、さらにその中にulがあった場合にもスタイルが当たってしまいますが、今回はデザイン上の階層が2

つまでであることを踏まえ、ul要素をdivなどで囲んだとしてもスタイルが当たるという柔軟性のほうを優先します。

さらにそのulの中のliに、背景として矢印型の画像を指定します（❺）。リストの項目を画像にする場合はlist-style-imageプロパティを使用して指定することもできますが、backgroundプロパティを使用するほうが細かな位置の調整がしやすくli要素に対して表示位置が直感的なため、筆者はbackgroundプロパティを使用することが多いです（❻）。

あとはリンクにホバーされたときに下線を表示するようにして完成です。



## 検索フォーム

サイドメニューの最後にある検索フォームをコーディングします。まずはHTMLです。

検索フォームのHTML

```
<h2 class="hidden">SEARCH</h2>
<form class="search-box">
  <input class="search-input" type="text" name="search" ➡
placeholder="SEARCH">
  <input class="search-button" type="submit" value="検索">
  <p class="text">サイト内の文章を検索できます。</p>
</form>
```

form要素のaction属性には送信先を指定する必要がありますが、実際の検索を行なうには別途プログラムが必要になるため、今回は見た目のコーディングをする部分までの説明にとどめてaction属性は省略しています。

参照 form要素のaction属性とmethod属性➔P.196

form要素の中には検索ワードを入力する1行テキストボックスと検索ボタンと説明書きを配置します。

ではCSSで装飾していきましょう。

検索フォームのCSS

```
.search-box {
  padding: 15px;
  background-color: #ccc;
  font-size: 0;  ――――→ ❶
}
.search-box > * {
  font-size: 1.2rem;  ――――→ ❶
}
.search-box .search-input {
  width: 205px;
  height: 26px;
  padding: 0 10px;
  border: none;
}
.search-box .search-button {
```

```
  width: 40px;
  height: 26px;
  border: none;
  background-color: #d03c56;
  color: #fff;
  cursor: pointer;   ❷
}
.search-box .text {
  margin-top: 12px;
}
```

form要素である.search-boxを枠として、背景色と余白の指定をします。displayプロパティの初期値がinline-blockであるinput要素間の空白を消すためにfont-sizeを0にするので、.search-box直下のすべての要素でfont-sizeを戻す指定をします（❶）。.search-inputと.search-buttonは高さを合わせ、それぞれのスタイルを設定します。

親の.search-boxのfont-sizeを0にしたことでこの2つがぴったりとくっつき、一体に見えます。.search-buttonのcursor: pointer;は、マウスポインタが要素に重なったときの形を指定するCSSです。指の形を指定することで、押せる領域であることが直感的に伝わるようになります（❷）。

**ONE POINT**

### cursorプロパティ

cursorプロパティで、マウスポインタがその要素に重なったときのカーソルの表示内容を指定できます。

指定できる主な値と表示のイメージは以下のとおりです。実際の表示は使用するOSやバージョンによって異なります。

図5.A cursorプロパティに指定できる値と表示イメージ

以上でサイドメニューができあがりました。

Chapter 06

# フッターのコーディング

**サブメニューやコピーライトが表示されるフッターをコーディングしていきます。**

## 要素とサイズの確認

最後にフッターをコーディングしていきます。フッターにある要素はリンクが横並びになったメニューとコピーライト表示です。

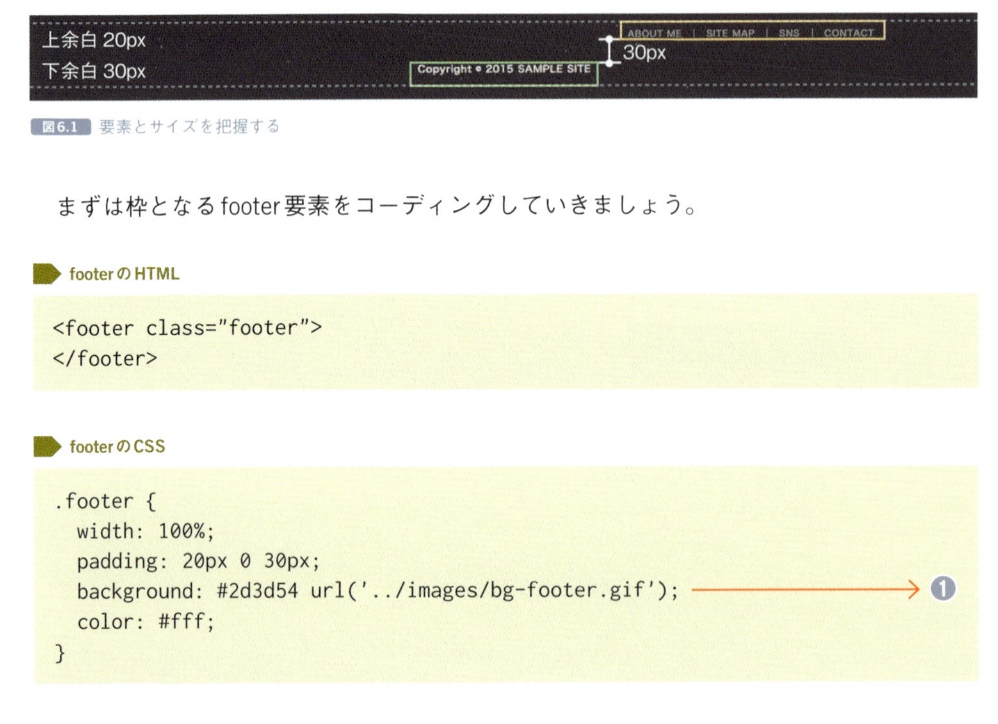


図6.1 要素とサイズを把握する

まずは枠となるfooter要素をコーディングしていきましょう。

**footerのHTML**

```
<footer class="footer">
</footer>
```

**footerのCSS**

```
.footer {
  width: 100%;
  padding: 20px 0 30px;
  background: #2d3d54 url('../images/bg-footer.gif'); ――→ ❶
  color: #fff;
}
```

要素のサイズと背景画像を指定し、デフォルトの文字色を白に変更します。もしも背景画像の読み込みに失敗した場合は、白背景に白文字となり文字が読めなくなってしまうので、念のためにbackgroundプロパティに背景色として画像に近い色を指定しておきます(❶)。

## フッターメニュー

フッターの右上に位置するメニューをコーディングしていきます。まずはHTMLです。

フッターメニューのHTML

```
<footer class="footer">
  <ul class="horizontal-list">
    <li class="horizontal-item"><a href="#">ABOUT ME</a></li>
    <li class="horizontal-item"><a href="#">SITE MAP</a></li>
    <li class="horizontal-item"><a href="#">SNS</a></li>
    <li class="horizontal-item"><a href="#">CONTACT</a></li>
  </ul>
</footer>
```

シンプルなリンクリストのマークアップです。

次にCSSで見た目をデザインに合わせていきます。まずは.horizontal-listがデザインと同じくフッターの右上に配置されるようにします。

フッターメニューのCSS

```
.horizontal-list {
  width: 970px; ――――――――――→ ❶
  margin: 0 auto; ――――――――→ ❷
  text-align: right; ――――――→ ❸
  font-size: 0; ―――――――――→ ❺
}
.horizontal-list .horizontal-item {
  display: inline-block; ――――→ ❹
  padding: 0 15px;
  letter-spacing: 1px;
}
```

.footerの幅は100%なので単にその中で右寄せにしてしまうと画面右端に表示されてしまいますが、.footerの中で.horizontal-listの幅を.wrapperと同じ幅に指定し（❶）、margin: 0 auto;で.footerの中央に寄せてから（❷）その中でリストの項目を右寄せにすることで（❸）、リストの項目の右端がちょうど.wrapperの右端と揃うようになります。

リストの項目である.horizontal-itemはinline-blockにして横並びにします（❹）。前章で解説したように、inline-blockで並べた要素の間には改行文字によるすき間ができてしまうため、font-size: 0;ですき間をなくします（❺）。

参照 改行によるスペースの非表示➔P.65

次に.horizontal-itemの間の縦ラインをコーディングします。

フッターメニューのCSS リスト項目間のライン

```
.horizontal-list .horizontal-item + .horizontal-item {
  border-left: 1px solid #bbb;
}
```

「.horizontal-listの中で.horizontal-itemの直後に置かれた.horizontal-item」に対してborder-leftを指定することで、.horizontal-itemの間に縦線が引かれます。普通にすべての.horizontal-itemにborder-leftを指定してしまうと最初の要素の左にも余分な縦線が表示されてしまいますが、隣接セレクタ（+）を使用することで最初の.horizontal-itemはその前に.horizontal-itemがないのでスタイルが当たらず、デザインどおりの見た目を表現することができます。

次にリンクのスタイルです。

横並びリストのCSS リンク

```
.horizontal-list .horizontal-item a {
  border-bottom: 1px dashed #777;   ❶
  color: #bbb;
  font-size: 1.1rem;
  transition: color 0.15s;
}
.horizontal-list .horizontal-item a:hover {
  color: #ddd;
}
```

a要素の下線は最初に共通CSSでtext-decoration: none;を指定して無効化してあるため、ここでtext-decoration: underline;を指定し直せば下線が表示されますが、今回はa要素の下線をステッチのような破線にしたいため、text-decorationプロパティではなくborder-bottomプロパティを使用します（❶）。

ONE POINT

### border-styleに指定できる線の種類

borderプロパティにはborder-width（線の太さ）、border-style（線の種類）、border-color（線の色）をまとめて指定できます。そのうちborder-styleに指定できる線の種類は以下のとおりです。

図6.A border-styleに指定できる線の種類

none と hidden は同じく非表示ですが、table などで他の要素の線と重なる場合の挙動が異なります。none の場合は他の要素の線の表示が優先されるので、重なる他の要素の線が可視であればその線が表示されますが、hidden の場合は hidden の線が優先され、重なる他の要素の線が可視であっても線は表示されません。

あとはリンク色とホバーしたときの色を指定し、transition で色がなめらかに変化するよう指定して完了です。

## コピーライト

最後に copyright 部分をコーディングします。

**コピーライトのHTML**

```
<footer class="footer">

  <ul class="horizontal-list">
    <li class="horizontal-item"><a href="#">ABOUT ME</a></li>
    <li class="horizontal-item"><a href="#">SITE MAP</a></li>
    <li class="horizontal-item"><a href="#">SNS</a></li>
    <li class="horizontal-item"><a href="#">CONTACT</a></li>
  </ul>
  <p class="copyright">Copyright © 2015 SAMPLE SITE</p> ——→ 追加
</footer>
```

「©」という丸囲み文字はいわゆる環境依存文字と呼ばれる文字で、文字化けを回避するため HTML4 までは文字実体参照（©）を使用する場合が多かったですが、HTML5 で推奨されている UTF-8 を使用している場合は正常に表示できるので、直接記述しています。

CSS で表示位置と文字間隔を指定します。

**コピーライトのCSS**

```
.copyright {
  margin-top: 30px;
  text-align: center;
  letter-spacing: 1px;
}
```

これでフッターまでのコーディングが完了しました。

PART 1

# セルフコーディングにチャレンジ

**PARTの最後に力試しです。決まった正解はありません。デザインを見て、自分が良いと思う組み方で楽しみながらコーディングしてみましょう！**

## ランキングの見せ方

サイドメニューの中にあるランキングの順位部分のデザインを変えてみましょう！
本編では順位部分がひし形になるようにコーディングしましたが、少しアレンジを加え、丸い要素が画像の右上に配置されるようコーディングしてみます。CSSだけで実現できる、バッジをモチーフとしたデザインです。

css/style.cssの.ranking .orderと.ranking .order::beforeのCSSを編集してコーディングしてみましょう！

**HINT**

.orderを画像の右上に配置するためには、CSSで表示位置の指定が必要です。
▶ P.170

ひし形ぶんのスペースがなくなったので、テキストの横幅が広がりました。テキストと画像との間隔をとることも忘れずに。
スタイルの指定が必要なのは.orderだけではなさそうですね。

四角い要素を丸い見た目にするには、何のプロパティを使えばいいでしょうか？　角を丸めていくプロパティがあった気がしませんか？

ひし形から丸型になったことで、不要になったプロパティがあるかも・・・？
不要なプロパティはどんどん消してソースコードをシンプルにしましょう！

参照 筆者のコーディング例➔APPENDIX P.230

RANKING

◆1 HTML/CSSコーディングと切っても切れないWebブラウザのシェア動向をチェックしよう

◆2 HTML/CSSコーディングと切っても切れないWebブラウザのシェア動向をチェックしよう

◆3 HTML/CSSコーディングと切っても切れないWebブラウザのシェア動向をチェックしよう

◇4 HTML/CSSコーディングと切っても切れないWebブラウザのシェア動向をチェックしよう

◇5 HTML/CSSコーディングと切っても切れないWebブラウザのシェア動向をチェックしよう

◇6 HTML/CSSコーディングと切っても切れないWebブラウザのシェア動向をチェックしよう

◇7 HTML/CSSコーディングと切っても切れないWebブラウザのシェア動向をチェックしよう

→

RANKING

1 HTML/CSSコーディングと切っても切れないWebブラウザのシェア動向をチェックしよう

2 HTML/CSSコーディングと切っても切れないWebブラウザのシェア動向をチェックしよう

3 HTML/CSSコーディングと切っても切れないWebブラウザのシェア動向をチェックしよう

4 HTML/CSSコーディングと切っても切れないWebブラウザのシェア動向をチェックしよう

5 HTML/CSSコーディングと切っても切れないWebブラウザのシェア動向をチェックしよう

6 HTML/CSSコーディングと切っても切れないWebブラウザのシェア動向をチェックしよう

7 HTML/CSSコーディングと切っても切れないWebブラウザのシェア動向をチェックしよう

ランキングの順位部分をアレンジ

COLUMN

## HTML5で新しくなった要素の分類

HTML5からは新しい要素の分類として、大きく分けると7種類のカテゴリがあります。各要素はそれぞれ1つ以上のカテゴリに属します。7種類のカテゴリの特徴を簡単に見てみましょう。

### ▶ メタデータコンテンツ

このカテゴリの要素は主にhead要素内に配置し、文書情報の定義や必要な外部ファイルを読み込む役割をします。UAスタイルシートによって、ページ上には表示されません。

base　command　link　meta　noscript　script　style　title

### ▶ フローコンテンツ

body要素の中で使用されるほとんどの要素がこのフローコンテンツに該当します。

### ▶ セクショニングコンテンツ

使用することで明示的に文書のアウトラインを定義できる要素です。

article　aside　nav　section

### ▶ ヘッディングコンテンツ

見出しです。セクショニングコンテンツの見出しとして使用するほか、単体で使うと暗黙的なアウトラインが定義されます。

h1　h2　h3　h4　h5　h6

### ▶ フレージングコンテンツ

段落の中に入る要素で、従来のインライン要素がこれにあたります。一部の例外を除き、基本的にフレージングコンテンツの要素の中にはフレージングコンテンツの要素しか入れられません。

主なもの　br　button　i　iframe　img　input　label　ruby　script　select　small　span　strong　textarea　time　など

### ▶ エンベディッドコンテンツ

外部リソースをページへ埋め込むための要素です。

audio　canvas　embed　iframe　img　math　object　svg　video

### ▶ インタラクティブコンテンツ

ユーザーが操作することを想定している要素です。主にフォームの部品やリンクなどがあります。

主なもの　a　button　iframe　input（type="hidden"以外）　label　select　textarea　など

要素ごとに属するカテゴリが定められているほか、自分の中にどのカテゴリの要素を含められるかの決まり（コンテンツモデル）も定められています。HTML5のカテゴリとコンテンツモデルについて詳しく知りたい方はHTML5の仕様などを参照してください。

# PART 2

## グリッドレイアウト

Chapter 07

# このPARTで作るサイト

**このPARTではJavaScriptライブラリを使用し、ウィンドウサイズに合わせて自動的に段組みが変わっていく可変グリッドレイアウトのサイトを作成していきます。**



## グリッドレイアウト

このPARTで作成するサイトのデザインを確認してみましょう。

## このレイアウトの特徴

多数のボックスから構成されるグリッドレイアウトは、独立した複数の情報を並列して扱うことに向いています。

複数の情報をグリッドに沿って規則的に並べることで掲載の仕方によるバイアスがかからず、閲覧者側が本当に興味を持った情報にアクセスさせることができるので、ネットショップやレシピサイトなどに適しています。画面いっぱいに複数の写真を広げられるので、ファーストインパクトが華やかになることもメリットの1つです。

ボックスによって異なる優先度や重要度を表現したい場合は、ボックスの大きさを変えることで自然に表現できます。

グリッドレイアウトの中でも、ウィンドウサイズにあわせてボックスが移動し自動的に段組みが変わるものを可変グリッドレイアウトといいます。グリッドがリアルタイムに可変することで、どんなウィンドウサイズでも常に表示スペースを最大限利用してボックスを敷き詰めることができます。シンプルな構成だからこそ柔軟な表示ができるグリッドレイアウトならではの強みです。

可変でなく固定のグリッドレイアウト。サイドメニューはスクロールせず常に表示される

図7.1 キユーピー マヨネーズとその仲間たち

グリッドのラインを漫画のコマ割りのように利用し、コミカルなタッチで漫画を読んでいるような楽しさを表現

図7.2 charary

## サイトを構成する要素

- ナビゲーション
- ボックス（S）
- ボックス（M）
- ボックス（L）

図7.3 グリッドレイアウトのページ構成

このPARTではグリッドレイアウトを使用して、料理の情報サイトを作成していきましょう。

Chapter 08

# ベースのコーディング

それぞれの箇所のコーディングに入る前に、サイト全体に影響する箇所のコーディングを行ないます。

## ファイル構成

今回作成するグリッドレイアウトサイトのファイル構成を確認しましょう（図8.1）。

ベースになるファイルは、翔泳社のダウンロードサイトで配布しています。P.6の「ダウンロード」に従い、ダウンロードしてください。css/reset.cssとimages/以下のファイルはダウンロードしたファイルをそのまま使用します。参照 リセットCSSについて→P.10

メインとなるindex.htmlとcss/style.cssをこれから記述していきましょう！

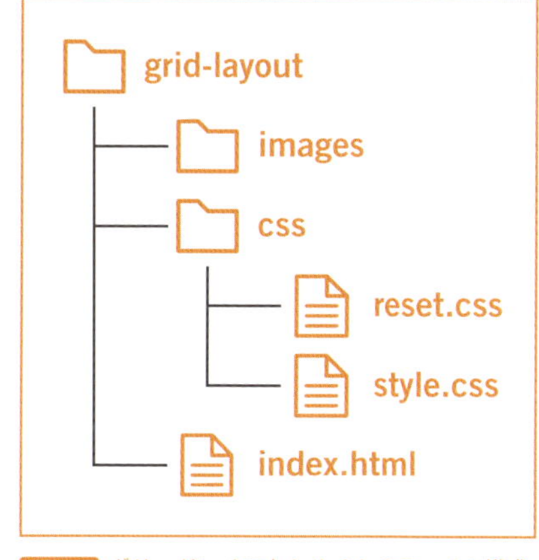


図8.1 グリッドレイアウトサイトのファイル構成

## 要素とサイズの確認

サイトを構成する要素とサイズを確認してみましょう（図8.2）。

図8.2 要素とサイズを把握する

左上に配置されたナビゲーションと、3種類の大きさのボックスから構成されていることがわかります。

## HTMLコーディング

まずは基本となるHTMLを記述します。

ベースになるHTML

```
<!DOCTYPE html>
<html lang="ja">
<head>
  <meta charset="UTF-8">
  <title>グリッドレイアウト</title>
  <link rel="stylesheet" href="css/reset.css">
  <link rel="stylesheet" href="css/style.css">
</head>
<body>
</body>
</html>
```

head要素内で、文字コード指定と必要なCSSの読み込みを行なっています。

続いて、CSSでベースとなるスタイルを指定しましょう。

## CSSコーディング

まず、PART1で使用したremとbox-sizingの指定はこのPARTでも同様に使用するため、同じスタイルを記述します。

参照 remとemの違い→P.30 | box-sizingプロパティ→P.52

ベースになるレイアウトのCSS

```
@charset "UTF-8";

html {
  font-size: 62.5%;
}
*, *::before, *::after {
  box-sizing: border-box;
}
```

続いて、bodyに対するスタイルを記述します。

ベースになるレイアウトのCSS

```
@charset "UTF-8";

html {
  font-size: 62.5%;
}
body {
  padding: 30px;  ――→ ❶
  background-color: #f6f7fb;
  color: #333;
  font-size: 1.2rem;
  font-family: "Hiragino Kaku Gothic ProN", Meiryo, sans-serif;
}
*, *::before, *::after {
  box-sizing: border-box;
}
a:link, a:visited, a:hover, a:active {
  color: #7C5119;
  text-decoration: none;  ――→ ❷
}
```

（body { … } ：追加、a:link … { … } ：追加）

基本となるフォントと背景色、文字色、リンク色を定義しました。ウィンドウの枠とその中に表示されるボックスとの間隔はbody要素のpaddingとして指定します（❶）。リンクには下線が入らないようtext-decoration: none;を指定します（❷）。

これでコーディングの下準備が整いました。さっそく次の章からメインとなるボックスをコーディングしていきましょう！

Chapter 09

# ボックスのコーディング

**グリッドレイアウトを構成するボックスをコーディングしていきます。**



## 要素とサイズの確認

まずは、一番小さなボックスからコーディングしていきます。サイズと構成を確認してみましょう（図9.1）。

白いボックスの中に、画像、カテゴリ名、テキストが配置されています。ボックスの高さは文章の長さによって変動します。

図9.1 要素とサイズを把握する

## HTMLのコーディング

前章で記述したHTMLのbody要素の中にボックスとなる要素を配置していきます。

ボックスの配置

```
<body>
  <section class="item">
    <a href="#">
      <img class="image" src="images/image_S_1.jpg" ➡
alt="メインディッシュ">
      <div class="category">MAIN DISH</div>
      <p class="description">Lorem ipsum dolor sit amet, ➡
consectetur adipisicing elit, sed do eiusmod tempor incididunt ➡
ut labore et dolore magna aliqua.</p>
    </a>
  </section>
</body>
```

（section要素の開始タグから終了タグまで：追加）

PART1では見出しとなるh1～h3要素でHTML文書のアウトラインを作成しましたが、今回のサンプルサイトではボックスの中にタイトルがないので見出しとなる要素を配置することができません。このような場合には、section要素を使用することでボックスごとの情報のまとまりを明示的に区切ることができます。

さらにボックスはクリックすることで各ページに飛ぶことができる想定なので、a要素も使用してマークアップします。中には画像、カテゴリ名、テキストを配置します。

ONE POINT

**Lorem ipsum...**

.descriptionの中で使用している「Lorem ipsum」から始まる文は、世界的によく使用される有名なダミーテキストです。Lorem ipsumはロレムイプサムと読み、lipsumと略する場合もあります。アルファベットですが英語ではなく、元はラテン語ともいわれていますが、これ自体は意味を持たない文章です。文章が未決定の際にダミーテキストを入れる場合は「ダミーテキストダミーテキストダミーテキスト」のような一定の繰り返しよりも、文章の形を持ったテキストを流し込んだほうが実際のテキストを当てはめたときのイメージに近くなるため、Lorem ipsumのような「文章の形は持っているけれど意味を持たないテキスト」が使用されたりします。

日本語の文章をダミーテキストとして流し込みたい場合は、著作権の切れた小説が使用されることが多いです。

## CSSのコーディング

ボックスとなる.itemのスタイルを定義します。

.itemのCSS

```
.item {
  width: 180px;                 → ❶
  margin-bottom: 4px;           ┐
  padding: 8px;                 ┘→ ❷
  border-bottom: 3px solid;     → ❸
  border-radius: 5px;           ┐
  background-color: #fff;       ┘→ ❶
}
```

まずはデザインに従って背景色と横幅を指定し、border-radiusプロパティでボックスの角を丸めます（❶）。参照 border-radiusプロパティ➔P.41

ボックス間の隙間は4px、ボックス内の余白は8pxとります（❷）。

ボックスの下部に入る線はborder-bottomプロパティで指定します。線の色はのちほどカテゴリの種類ごとに指定するのでここでは省略します（❸）。

次に、ボックス内の画像です。縦に並ぶブロックレベルの要素として表示したいのでdisplay:block;を指定します。さらに、ボックスの内側のpaddingを除いたエリアいっぱいに表示したいため、width: 100%;を指定します。

.imageのCSS

```
.item .image {
  display: block;
  width: 100%;
}
```

画像はボックスの大きさに合わせたサイズのものを用意する想定ですが、ボックスより大きい画像や小さい画像が配置された場合でも、width: 100%; が指定してあることで表示崩れをなるべく抑えることができます。

ここまでで、図9.2のような表示になりました。

図9.2 現時点での表示［ボックスの追加］

続いて、カテゴリ名をコーディングします。

.categoryのCSS

```
.item .category {
  margin: 15px 9px 10px; ――――――――――――――――――――→ ❸
  color: #aaa;            ┐
  letter-spacing: 1px;    ┘――――――――――――――――――――→ ❷
  font-family: "Trebuchet MS", "Hiragino Kaku Gothic ProN",  Meiryo, ➡
sans-serif; ――――――――――――――――――――――――――――――――――――→ ❶
}
```

カテゴリ名はフォントの種類を変えたいので、font-familyの先頭に新しいフォントを追加してfont-familyを指定しなおします（❶）。文字色と文字間を指定し、デザインに合わせます（❷）。参照 letter-spacingプロパティ→P.43

marginは上下を同じ値にしてしまうと、下のmarginにp要素の文章のline-heightが足されて広く見えてしまうので、上下の値を変えて調整します。上に15px、左右に9px、下に10px余白をとります（❸）。

図9.3 現時点での表示［カテゴリ名のコーディング］

## ONE POINT

### ::before、::after 擬似要素

CSSのセレクタに::before、::afterを使用すると、HTMLコード上は存在しない擬似的な要素を作り出してスタイルをあてることができます。::before擬似要素は親要素内の最初に、::after擬似要素は親要素内の最後に配置されます。

擬似要素を存在させるには、CSSで擬似要素の中身を指定するcontentプロパティの指定が必要です。contentプロパティに指定できる値は以下のとおりです。

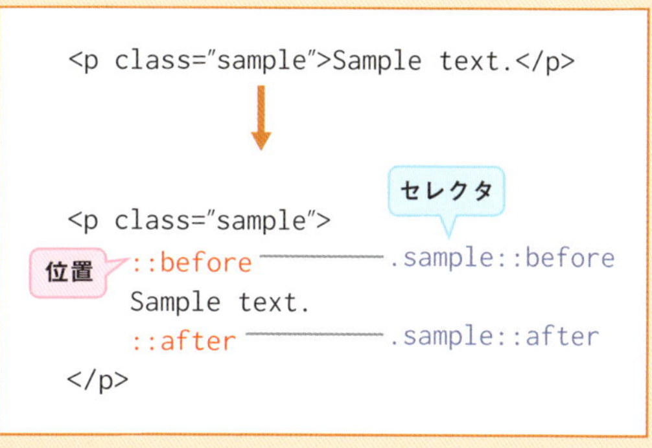


図9.A 擬似要素の位置とセレクタ

#### 文字列

content: 'テキスト'; のように、表示したい文字列をシングルクォーテーションかダブルクォーテーションで囲んで指定します。改行は\Aで挿入できます。空の擬似要素を配置したい場合でも、content: ''; のように空文字列を指定しないと擬似要素が表示されないので注意しましょう。

#### 画像

content: url(/path/to/img.jpg); のように、画像のURLを指定することで擬似要素内に画像を配置することもできます。

#### 親要素の属性の値

content: attr(href); のように、親要素の属性名をattr()で囲うとその属性の値をcontentプロパティの値として使用することができます。

#### CSSカウンタの数値

content: counter(カウンタ名); のように、CSSカウンタを指定することでカウンタの値を表示できます。参照 CSSカウンタ→P.80

上記の内容は、違う種類のものでも空白をあけることで、続けて表示することができます。

contentプロパティ

```
<a href="http://www.example.com">外部リンク</a>

a::after {
    content: ' (' attr(href) ') ' url(/path/to/image.gif);
}
```

外部リンク（http://www.example.com）

図9.B 表示結果

::before、::after擬似要素のdisplayプロパティの初期値はinlineなので、デフォルトではインラインレベルの要素として表示されます。::before、::after擬似要素に高さや幅を指定したい場合には、displayプロパティにblockやinline-blockの指定が必要です。

参照 ブロックレベル要素とインライン要素→P.50

::before、::after擬似要素は、CSS2までは:before、:afterのようにシングルコロンをつける書き方でした。しかし、CSS3からダブルコロンで記述するように定められました。:hoverや:nth-childなどの擬似クラスと擬似要素の区別をつけるためです。いま使われているほとんどのブラウザは、シングルコロンでもダブルコロンでも擬似要素として認識してくれますが、IE8だけはシングルコロンの形式にしか対応していないので注意しましょう。

本書の対象ブラウザはすべてダブルコロンの形式に対応しているため、本書では擬似要素をダブルコロンで表記しています。

続いて、カテゴリ名の左にくる円を::before擬似要素を使用してコーディングします。

.category::beforeのCSS

```
.item .category::before {
  content: '';                 ❶
  display: inline-block;       ❷
  width: 19px;
  height: 19px;                ❸
  margin-right: 5px;
  border: 2px solid;           ❹
  border-radius: 50%;
  vertical-align: -5px;        ❺
}
```

::before擬似要素を表示するため、contentプロパティに空文字を指定します（❶）。

円の横幅と高さの指定を有効にするため、displayプロパティにinline-blockを指定します（❷）。::before擬似要素のdisplayプロパティの初期値はinlineですが、inlineの場合は幅や高さの指定が効きません。inline-blockを指定することでinlineと同様に横に並ぶインライン表示を保ったまま幅や高さを指定することができます。

widthとheightで幅と高さを指定し、margin-rightでカテゴリ名との間に間隔をとります（❸）。この::before擬似要素にはCSSファイルの最初のほうに記述したbox-sizing:

border-box; が効いているので、width と height には border を含めた値を指定します。

参照 box-sizing プロパティ ➔ P.52

border プロパティで枠線をつけ、border-radius: 50%; で要素を円形にします（❹）。

参照 border-radius プロパティ ➔ P.41

枠線の色はボックスの下の線と同様にのちほどカテゴリ別に定義するため、ここでの指定は省いています。

最後に vertical-align で縦方向の位置を調整し、完了です（❺）。

参照 vertical-align プロパティ ➔ P.74

図9.4 現時点での表示［カテゴリ名の左側に円を追加］

続いて、テキスト部分の行間と間隔を指定します。参照 line-height プロパティ ➔ P.55

.description の CSS

```
.item .description {
  margin: 10px;
  line-height: 1.5;
}
```

図9.5 現時点での表示［テキストの行間と間隔の指定］

最後に、.itemの中身がa要素で囲われていた場合にはボックス全体がリンクになるので、クリックできることがわかるようにホバーしたときの表示を変化させましょう。PART1で解説した子セレクタを使用し、.itemの直下のa要素に対してスタイルを指定します。

.item内のa要素のCSS

```
.item > a {
  display: block;
  margin: -8px -8px -11px;    → ❶
  padding: 8px 8px 11px;
  border-radius: inherit;     → ❷
  color: #777;                → ❸
  transition: all 0.3s;       → ❺
}
.item > a:hover {
  box-shadow: 0 0 6px -1px rgba(0, 0, 0, 0.3);   → ❹
  opacity: 0.8;
}
```

ボックスがリンクになるときにはボックスのエリアがすべてクリック領域になっているのが自然ですが、.itemが8pxのpaddingと3pxのborder-bottomを持っているのでa要素は.itemのpaddingの内側までしか広がりません。そこで、ネガティブマージンを使ってa要素を.itemと同じ大きさまで外側に広げてから同じ幅のpaddingをもたせることでa要素と.item要素をぴったり重ねることができます（❶）。

さらに、border-radiusプロパティにinheritキーワードを指定することでa要素の角が.itemと同じ大きさの角丸になります（❷）。inheritキーワードはどのCSSプロパティにも指定できる値で、「親要素の値を引き継ぐ」ことを意味します。

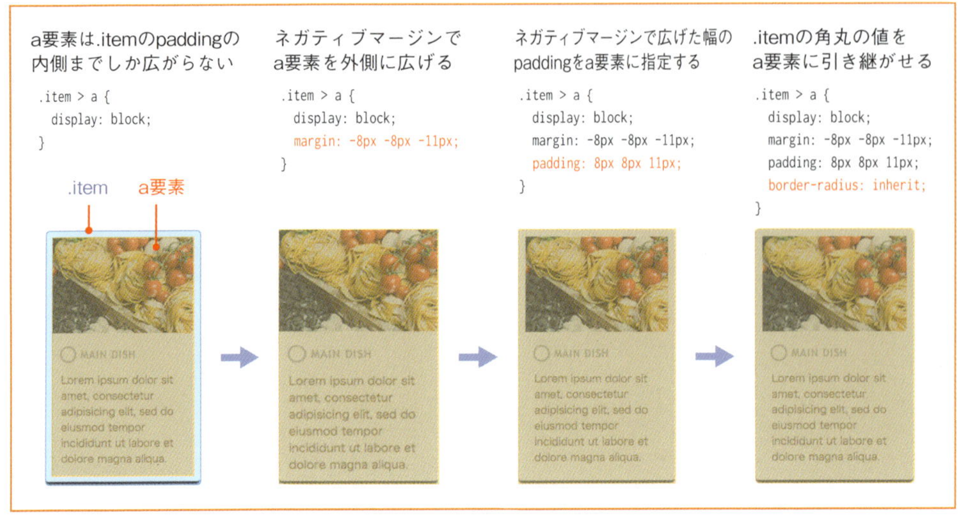


図9.6 a要素の領域の変化

a要素の中はリンクテキストとして文字色が変わってしまうので、文字色を指定しなおします（❸）。

最後に、ホバーしたときの表示です。opacityプロパティでハイライトのような効果をつけつつ、box-shadowプロパティでボックスの周りに影をおとします（❹）。

参照 opacityプロパティ→P.51 | box-shadowプロパティ→P.34

transitionプロパティにはopacityとbox-shadowが0.3秒かけてスムーズに変わるよう指定を行ないます（❺）。参照 transitionプロパティ→P.45

これで.itemの基本的なコーディングが終わりました。

続いて、デザインのようにボックスを複数並べてみましょう。いまコーディングしたボックスの他に、異なるカテゴリのボックスを3つ追加します。

**複数のボックスを配置する**

```
<body>
  <section class="item">
    <a href="#">
      <img class="image" src="images/image_S_1.jpg" alt="メインディッシュ">
      <div class="category">MAIN DISH</div>
      <p class="description">Lorem ipsum dolor sit amet, consectetur ➡
adipisicing elit, sed do eiusmod tempor incididunt ut labore et dolore ➡
magna aliqua.</p>
    </a>
  </section>
  <section class="item">
    <a href="#">
      <img class="image" src="images/image_S_2.jpg" alt="前菜">
      <div class="category">APPETIZER</div>
      <p class="description">Lorem ipsum dolor sit amet, ➡
consectetur adipisicing elit</p>
    </a>
  </section>
  <section class="item">
    <a href="#">
      <img class="image" src="images/image_S_3.jpg" alt="コラム">
      <div class="category">COLUMN</div>
      <p class="description">Lorem ipsum dolor sit amet, ➡
consectetur adipisicing elit, sed do eiusmod tempor incididunt ➡
ut labore et dolore magna aliqua.</p>
    </a>
  </section>
  <section class="item">
    <a href="#">
      <img class="image" src="images/image_S_4.jpg" alt="おやつの時間">
      <div class="category">BREAK TIME</div>
      <p class="description">Lorem ipsum dolor sit amet, ➡
consectetur adipisicing elit</p>
    </a>
  </section>
</body>
```

→追加

.itemはブロックレベルの要素なので縦に並んでいます（図9.7）。ここで、ボックスを可変グリッドレイアウトとして並べていくためにライブラリを読み込みましょう。

図9.7 現時点での表示［複数のボックスを配置］

## Masonryの導入

Masonryとは、指定した要素を可変グリッドレイアウトとして自動的に並び替えてくれるJavaScriptライブラリです。masonryはレンガという意味の単語で、その名のとおりレンガのように要素を敷き詰めてくれます。

- **Masonry**
  http://masonry.desandro.com/

## 導入方法

前述のサイトからJavaScriptファイルをダウンロードして読み込む方法とCDNから読み込む方法がありますが、今回はCDNを利用します。

CDNとはContents Delivery Networkの略で、JavaScriptファイルやCSSファイルなどのWebコンテンツを配信することに適したネットワークを指します。JavaScriptやCSSのメジャーなライブラリはすでにどこかの無料のCDNにアップロードされている場合が多いので、そのURLを読み込むだけでライブラリを利用することができます。

公式ページに記載されているCDNのURLを使用して、HTMLからMasonryを読み込みます。その下に、Masonryを実行するJavaScriptコードを配置します。

**CDNからライブラリを読み込み**

```
<body>
  …省略…
  <section class="item">
    <a href="#">
      <img class="image" src="images/image_S_4.jpg" alt="おやつの時間">
      <div class="category">BREAK TIME</div>
      <p class="description">Lorem ipsum dolor sit amet, consectetur ➡
adipisicing elit</p>
    </a>
  </section>
  <script src="http://cdnjs.cloudflare.com/ajax/libs/masonry/➡
3.3.0/masonry.pkgd.js"></script>
  <script>
    new Masonry('body', {
      itemSelector: '.item',
      columnWidth: 180,
      gutter: 4
    });
  </script>
</body>
```

→ 追加

Masonryを実行するJavaScriptコードでは、2つのパラメータを指定しています（図9.8）。

1つ目は可変グリッドとなるボックスを囲む親要素のセレクタで、今回はbody要素になります。

2つ目はオプションです。波括弧{ }で囲んで複数のオプションを指定することができます。オプションでは以下の値を指定しています。

親要素のセレクタ　オプション

```
new Masonry('body', {
  itemSelector: '.item',   ── ボックス要素のセレクタ
  columnWidth: 180,        ── グリッドの横幅
  gutter: 4                ── 左右のボックスとの間隔
});
```

図9.8 Masonryを実行するコード

　オプションにある「グリッドの横幅」は、ボックスが並ぶ基準となる列の幅のことです。デザインを見るとボックスの大きさには複数の種類がありますが、一定の幅の列に沿って並んでいるのがわかります。その幅は一番小さいボックスの幅と同じなので、180を指定します。

　gutterにはボックス間の左右の間隔を指定します。今回は4pxです。上下の間隔についてはCSSで指定する必要があるため、別途.itemのCSSにmargin-bottom: 4px; を指定してあります。

　Masonryを組み込んだことで、図9.9のような表示になりました。

図9.9 現時点での表示［可変グリッドレイアウト］

**ONE POINT**

### script要素はhead内？　それともbody内？

　先ほどまでの説明で、script要素をbody要素内の一番最後に配置しました。パフォーマンス上の理由により、JavaScriptのファイルやコードはドキュメントの最後で読み込むことが推奨されています。

　HTMLドキュメントは上から順に解釈されて描画が行なわれます。そのためHTMLの前や間にJavaScriptの処理が入ると、処理が終わるまでそれ以降のHTMLの描画が止まってしまいます。

**JavaScriptの読み込みが最初**

```
<head>
    <script src="～"></script> ―――― ①ファイルのロード、実行
    <script>～</script> ――――――― ②コードの実行
</head>
<body>
    <!– HTML --> ―――― ③HTML要素の描画
</body>
```

JavaScriptの実行が終わったあとにHTMLの描画が始まるのでページ内容の表示が遅くなる

図9.A script要素の位置による処理順の変化1

**JavaScriptの読み込みが最後**

```
<head>
</head>
<body>
    <!– HTML -->  ―――――――― ①HTML要素の描画
    <script src="～"></script> ―――― ②ファイルのロード、実行
    <script>～</script> ――――――― ③コードの実行
</body>
```

HTML の描画が終わったあとにJavaScriptの実行が始まるのでページ内容の表示が早くなる

図9.B script要素の位置による処理順の変化2

HTMLの描画が終わる前に実行する必要があるJavaScript以外はなるべくbody要素の最後に記述することを推奨します。

## カテゴリによって色を変える

ボックスを増やす前に、カテゴリによって色を変える部分を実装しましょう。色が変わる部分はカテゴリ名の横の円と、ボックス下部のラインです。まずはカテゴリの種類をCSS側で判別できるように、.itemにカテゴリごとのクラスを付与します。

**カテゴリに連動するクラスを付与する**

```
<section class="item item-maindish"> ――→ 追加
  <a href="#">
    <img class="image" src="images/image_S_1.jpg" alt="メインディッシュ">
    <div class="category">MAIN DISH</div>
    <p class="description">Lorem ipsum dolor sit amet, consectetur ➡
adipisicing elit, sed do eiusmod tempor incididunt ut labore et dolore ➡
magna aliqua.</p>
  </a>
</section>
<section class="item item-appetizer"> ――→ 追加
  <a href="#">
    <img class="image" src="images/image_S_2.jpg" alt="前菜">
    <div class="category">APPETIZER</div>
    <p class="description">Lorem ipsum dolor sit amet, consectetur
adipisicing elit</p>
  </a>
</section>
<section class="item item-column"> ――→ 追加
  <a href="#">
    <img class="image" src="images/image_S_3.jpg" alt="コラム">
    <div class="category">COLUMN</div>
    <p class="description">Lorem ipsum dolor sit amet, consectetur ➡
adipisicing elit, sed do eiusmod tempor incididunt ut labore et dolore ➡
magna aliqua.</p>
```

PART 0 PART 1 PART 2 PART 3 APPENDIX

```
  </a>
</section>
<section class="item item-breaktime">   ——→ 追加
  <a href="#">
    <img class="image" src="images/image_S_4.jpg" alt="おやつの時間">
    <div class="category">BREAK TIME</div>
    <p class="description">Lorem ipsum dolor sit amet, consectetur ➡
adipisicing elit</p>
  </a>
</section>
```

続いて、付与したクラス名ごとに線の色を指定します。線の太さと種類は前節のコーディングですでに指定済みなので、ここでは線の色だけを指定すればいい状態になっています。.itemと.item内の::before擬似要素をカンマで区切ってまとめて指定します。

カテゴリ別の色を指定する

```
.item-maindish,
.item-maindish .category::before {
  border-color: #FFC0CB;
}
.item-appetizer,
.item-appetizer .category::before {
  border-color: #76C047;
}
.item-column,
.item-column .category::before {
  border-color: #FFF100;
}
.item-breaktime,
.item-breaktime .category::before {
  border-color: #C1EFFF;
}
```

図9.10 現時点での表示［カテゴリによって色を変える］

カテゴリごとに綺麗に色分けされました。最後に、一番小さなサイズのボックスをデザインどおりの個数ぶん並べてみましょう。

一番小さなボックスを並べる

```
<body>
  <section class="item item-maindish">
    <a href="#">
      <img class="image" src="images/image_S_1.jpg" alt="メインディッシュ">
      <div class="category">MAIN DISH</div>
      <p class="description">Lorem ipsum dolor sit amet, consectetur ➡
adipisicing elit, sed do eiusmod tempor incididunt ut labore et dolore ➡
magna aliqua.</p>
    </a>
  </section>
  <section class="item item-appetizer">
    <a href="#">
      <img class="image" src="images/image_S_2.jpg" alt="前菜">
      <div class="category">APPETIZER</div>
      <p class="description">Lorem ipsum dolor sit amet, consectetur ➡
adipisicing elit</p>
    </a>
  </section>
  <section class="item item-column">
    <a href="#">
      <img class="image" src="images/image_S_3.jpg" alt="コラム">
      <div class="category">COLUMN</div>
      <p class="description">Lorem ipsum dolor sit amet, consectetur ➡
adipisicing elit, sed do eiusmod tempor incididunt ut labore et dolore ➡
magna aliqua.</p>
    </a>
  </section>
  <section class="item item-breaktime">
    <a href="#">
      <img class="image" src="images/image_S_4.jpg" alt="おやつの時間">
      <div class="category">BREAK TIME</div>
      <p class="description">Lorem ipsum dolor sit amet, consectetur ➡
adipisicing elit</p>
    </a>
  </section>
  <section class="item item-maindish">
    <a href="#">
      <img class="image" src="images/image_S_5.jpg" ➡
alt="メインディッシュ">
      <div class="category">MAIN DISH</div>
      <p class="description">Lorem ipsum dolor sit amet, ➡
consectetur adipisicing elit, sed do eiusmod tempor incididunt ➡
ut labore et dolore magna aliqua.</p>
    </a>
  </section>
  <section class="item item-breaktime">
    <a href="#">
      <img class="image" src="images/image_S_6.jpg" ➡
alt="おやつの時間">
```

追加

```
        <div class="category">BREAK TIME</div>
        <p class="description">Lorem ipsum dolor sit amet, ➡
consectetur adipisicing elit, sed do eiusmod tempor incididunt ➡
ut labore et dolore magna aliqua.</p>
      </a>
    </section>
    <section class="item item-maindish">
      <a href="#">
        <img class="image" src="images/image_S_7.jpg" ➡
alt="メインディッシュ">
        <div class="category">MAIN DISH</div>
        <p class="description">Lorem ipsum dolor sit amet, ➡
consectetur adipisicing elit, sed do eiusmod tempor incididunt</p>
      </a>
    </section>
    <section class="item item-breaktime">
      <a href="#">
        <img class="image" src="images/image_S_8.jpg" ➡
alt="おやつの時間">
        <div class="category">BREAK TIME</div>
        <p class="description">Lorem ipsum dolor sit amet, ➡
consectetur adipisicing elit, sed do eiusmod tempor incididunt ➡
ut labore</p>
      </a>
    </section>
    <section class="item item-column">
      <a href="#">
        <img class="image" src="images/image_S_9.jpg" alt="コラム">
        <div class="category">COLUMN</div>
        <p class="description">Lorem ipsum dolor sit amet, ➡
consectetur adipisicing elit</p>
      </a>
    </section>
    <section class="item item-maindish">
      <a href="#">
        <img class="image" src="images/image_S_10.jpg" ➡
alt="メインディッシュ">
        <div class="category">MAIN DISH</div>
        <p class="description">Lorem ipsum dolor sit amet, ➡
consectetur adipisicing elit</p>
      </a>
    </section>
  <script src="http://cdnjs.cloudflare.com/ajax/libs/masonry/3.3.0/➡
masonry.pkgd.js"></script>
  <script>
    new Masonry('body', {
      itemSelector: '.item',
      columnWidth: 180,
      gutter: 4
    });
  </script>
</body>
```

→ 追加

図9.11 現時点での表示［一番小さなサイズのボックスを並べる］

ボックスが画面幅に応じて折り返され、高さの低いところから順に敷き詰められています。これで一番小さなサイズのボックスのコーディングが完了しました。

Chapter 10

# 中ボックスと大ボックスのコーディング

**前章でコーディングしたボックスの、サイズ違いのボックスをコーディングしていきます。**

## 要素とサイズの確認

前章で行なったボックスのコーディングをベースに、サイズの違うボックスをコーディングしていきます。サイズを確認してみましょう（図10.1）。

図10.1 要素とサイズを把握する

前章でコーディングした小さなサイズのボックスに加えて、大きいサイズのボックスと中くらいのボックスをコーディングしていきます。

## HTMLのコーディング

HTMLに新しいサイズの要素を追加します。新しいサイズのボックスもベースとなるデザインは同じなので、.itemを指定します。そこに加えて、サイズを表わすクラスとカテゴリを表わすクラスも同時に指定します。大きいサイズのクラスをitem-l、中くらいのサイズのクラスをitem-mとします。

サイズの違うボックスの追加

```
<body>
  <section class="item item-l item-maindish">
    <a href="#">
      <img class="image" src="images/image_L_1.jpg" ➡
alt="メインディッシュ">
      <div class="category">MAIN DISH</div>
```

→ 追加

```
      <p class="description">Lorem ipsum dolor sit amet, ➡
consectetur adipisicing elit, sed do eiusmod tempor incididunt ➡
ut labore et dolore magna aliqua.</p>
    </a>
  </section>
  <section class="item item-m item-appetizer">
    <a href="#">
      <img class="image" src="images/image_M_1.jpg" alt="前菜">
      <div class="category">APPETIZER</div>
      <p class="description">Lorem ipsum dolor sit amet, ➡
consectetur adipisicing elit, sed do eiusmod tempor incididunt ➡
ut labore et dolore magna aliqua.</p>
    </a>
  </section>
  <section class="item item-m item-maindish">
    <a href="#">
      <img class="image" src="images/image_M_2.jpg" ➡
alt="メインディッシュ">
      <div class="category">MAIN DISH</div>
      <p class="description">Lorem ipsum dolor sit amet, ➡
consectetur adipisicing elit, sed do eiusmod tempor incididunt ➡
ut labore et dolore magna aliqua.</p>
    </a>
  </section>
  <section class="item item-maindish">
    <a href="#">
      <img class="image" src="images/image_S_1.jpg" alt="メインディッシュ">
      <div class="category">MAIN DISH</div>
      <p class="description">Lorem ipsum dolor sit amet, consectetur ➡
adipisicing elit, sed do eiusmod tempor incididunt ut labore et dolore ➡
magna aliqua.</p>
    </a>
  </section>
  <section class="item item-appetizer">
    <a href="#">
      <img class="image" src="images/image_S_2.jpg" alt="前菜">
      <div class="category">APPETIZER</div>
      <p class="description">Lorem ipsum dolor sit amet, consectetur ➡
adipisicing elit</p>
    </a>
  </section>
  <section class="item item-m item-breaktime">
    <a href="#">
      <img class="image" src="images/image_M_3.jpg" ➡
alt="おやつの時間">
      <div class="category">BREAK TIME</div>
      <p class="description">Lorem ipsum dolor sit amet, ➡
consectetur adipisicing elit, sed do eiusmod tempor incididunt</p>
    </a>
  </section>
  <section class="item item-column">
    <a href="#">
      <img class="image" src="images/image_S_3.jpg" alt="コラム">
```

追加

追加

```
        <div class="category">COLUMN</div>
        <p class="description">Lorem ipsum dolor sit amet, consectetur ➡
adipisicing elit, sed do eiusmod tempor incididunt ut labore et dolore ➡
magna aliqua.</p>
      </a>
    </section>
    <section class="item item-breaktime">
      <a href="#">
        <img class="image" src="images/image_S_4.jpg" alt="おやつの時間">
        <div class="category">BREAK TIME</div>
        <p class="description">Lorem ipsum dolor sit amet, consectetur ➡
adipisicing elit</p>
      </a>
    </section>
    <section class="item item-maindish">
      <a href="#">
        <img class="image" src="images/image_S_5.jpg" alt="メインディッシュ">
        <div class="category">MAIN DISH</div>
        <p class="description">Lorem ipsum dolor sit amet, consectetur ➡
adipisicing elit, sed do eiusmod tempor incididunt ut labore et dolore ➡
magna aliqua.</p>
      </a>
    </section>
    <section class="item item-breaktime">
      <a href="#">
        <img class="image" src="images/image_S_6.jpg" alt="おやつの時間">
        <div class="category">BREAK TIME</div>
        <p class="description">Lorem ipsum dolor sit amet, consectetur ➡
adipisicing elit, sed do eiusmod tempor incididunt ut labore et dolore ➡
magna aliqua.</p>
      </a>
    </section>
    <section class="item item-maindish">
      <a href="#">
        <img class="image" src="images/image_S_7.jpg" alt="メインディッシュ">
        <div class="category">MAIN DISH</div>
        <p class="description">Lorem ipsum dolor sit amet, consectetur ➡
adipisicing elit, sed do eiusmod tempor incididunt</p>
      </a>
    </section>
    <section class="item item-breaktime">
      <a href="#">
        <img class="image" src="images/image_S_8.jpg" alt="おやつの時間">
        <div class="category">BREAK TIME</div>
        <p class="description">Lorem ipsum dolor sit amet, consectetur ➡
adipisicing elit, sed do eiusmod tempor incididunt ut labore</p>
      </a>
    </section>
    <section class="item item-m item-appetizer">
      <a href="#">
        <img class="image" src="images/image_M_4.jpg" alt="前菜">
        <div class="category">APPETIZER</div>
        <p class="description">Lorem ipsum dolor sit amet, ➡
consectetur adipisicing elit, sed do eiusmod tempor incididunt</p>
```

追加

```
      </a>
    </section>
    <section class="item item-column">
      <a href="#">
        <img class="image" src="images/image_S_9.jpg" alt="コラム">
        <div class="category">COLUMN</div>
        <p class="description">Lorem ipsum dolor sit amet, ➡
consectetur adipisicing elit</p>
      </a>
    </section>
    <section class="item item-maindish">
      <a href="#">
        <img class="image" src="images/image_S_10.jpg" alt="メインディッシュ">
        <div class="category">MAIN DISH</div>
        <p class="description">Lorem ipsum dolor sit amet, ➡
consectetur adipisicing elit</p>
      </a>
    </section>
    <script src="http://cdnjs.cloudflare.com/ajax/libs/masonry/3.3.0/➡
masonry.pkgd.js"></script>
    <script>
      new Masonry('body', {
        itemSelector: '.item',
        columnWidth: 180,
        gutter: 4
      });
    </script>
</body>
```

追加

要素は追加されましたが、まだサイズの指定が反映されていません（図10.2）。先ほど追加した.item-mと.item-lのCSSを指定していきましょう。

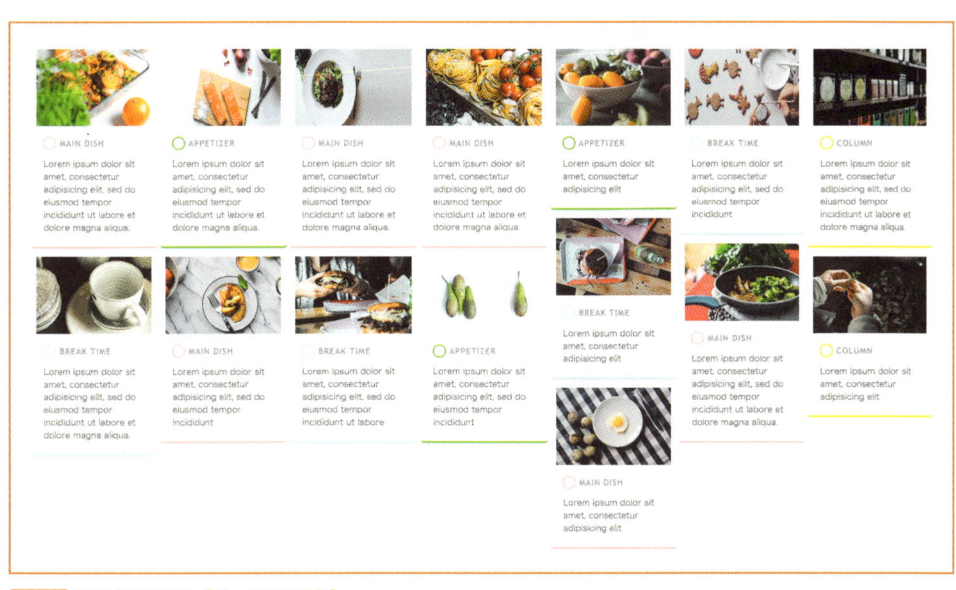


図10.2 現時点での表示［ボックスの追加］

## CSSのコーディング

.item-mと.item-lの幅を指定します。幅の値は図10.3のとおりです。

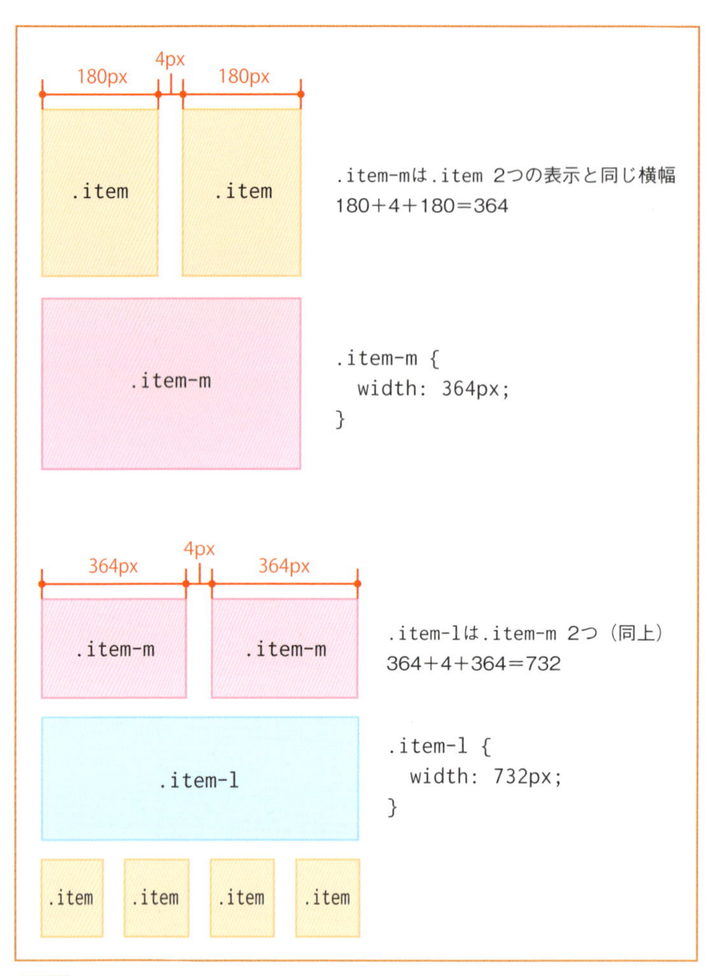


図10.3 .item-mと.item-lの横幅の算出

新しいサイズのボックスのCSS

```
.item-m {
  width: 364px;
}
.item-l {
  width: 732px;
}
```

図10.4 現時点での表示［サイズ指定後］

それぞれ想定どおりのサイズに収まりました。

## 画像が読み込まれるまでの時間を考慮する

ボックスのコーディングはこれで問題ないように見えますが、画面を何度かリロードしていると、たまに表示が崩れる場合があります（図10.5）。

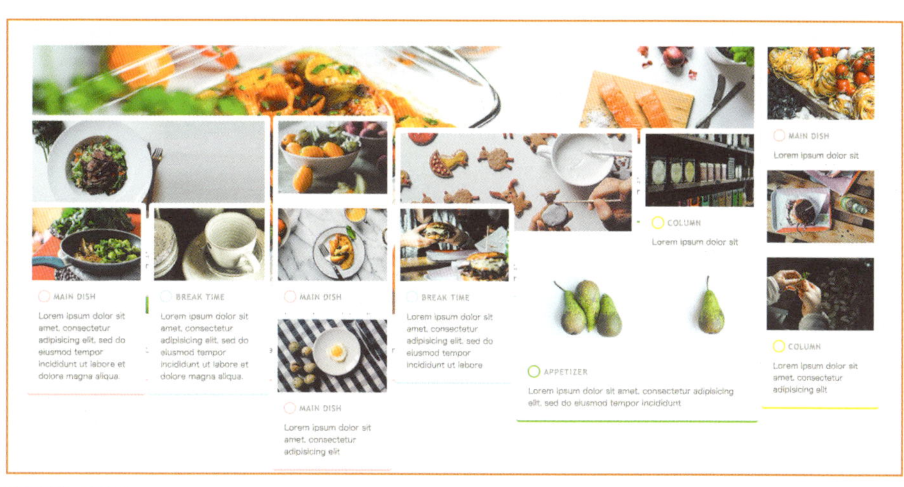


図10.5 表示崩れ

互いに重ならず敷き詰められるはずのボックスが重なってしまっています。これは、画像が読み込まれる前にMasonryが動作してしまい、ボックスの位置が決められたあとで画像が読み込まれることが原因です。

画像が読み込まれる前のボックスの位置は図10.6のようになります。

図10.6 表示崩れ［画像読み込み前］

この位置にボックスが配置されたあとで画像の読み込みが完了し画像が表示されるので、先ほどのような崩れた表示になってしまいます。1つ1つのボックスの位置はMasonryによってposition: absolute;とtopプロパティ、leftプロパティで指定されているため、配置されたあとに画像が読み込まれてボックスの大きさが変わってもボックスの位置は変わらないのです。

このような場合にはあらかじめ画像にCSSで高さを指定しておくことで、画像が読み込まれる前から画像の領域を確保することができます。

**画像の高さを指定する**

```
.item .image {
  display: block;
  width: 100%;
  height: 109px;  → 追加
}
.item-m {
  width: 364px;
}
.item-m .image {
  height: 146px;  → 追加
}
.item-l {
  width: 732px;
}
.item-l .image {
  height: 403px;  → 追加
}
```

画像の高さを指定しておくことにより、画像が読み込まれる前にMasonryが動作してもすでに画像の領域は確保されているのでボックスは正しい位置に配置されます（図10.7）。

図10.7 画像が読み込まれる前から領域を確保する

この方法は使用される画像のサイズがボックスのサイズごとに決まっていることを前提としています。画像のサイズが事前にわからない場合には、別の解決方法が考えられます。

## 画像の読み込みが終わってからMasonryを実行する

画像のサイズがあらかじめわからない場合には、CSSで指定しておくことができません。そのような場合には、画像の読み込みが終わってからMasonryが実行されるようにJavaScriptのコードを変更することができます。

**必要な情報の読み込みが終わってから実行**

```
<script>
  window.onload = function() {  ――→ 追加
    new Masonry('body', {
      itemSelector: '.item',
      columnWidth: 180,
      gutter: 4
    });
```

```
  };  ──────────────→ 追加
</script>
```

window.onload = function() { ～ }; で囲んだ処理は、画像やCSSファイル、JavaScriptファイルなどページの表示に必要な情報がすべて読み込まれたあとに実行されます。

この方法なら画像のサイズがわからない場合でも利用できます。しかし、今回のケースではあまりおすすめしません。画像の読み込みを待ってからJavaScriptの処理を行なうということは、もしもサイズが大きく読み込みに時間がかかる画像があった場合、Masonryによってボックスが可変グリッドレイアウトとして配置されるまでにタイムラグが生じてしまいます。できれば画像が読み込まれる前から正常なレイアウトで表示させたいため、画像のサイズが事前にわかるのであればCSSでのサイズ指定を使用したほうがよいでしょう。

Chapter 11

# ナビゲーションのコーディング

**サイトの左上に配置されるナビゲーションのボックスをコーディングしていきます。**

## 要素とサイズの確認

最後にナビゲーションのボックスをコーディングしていきます。サイズを確認してみましょう。

一番小さいボックスと同じ幅180pxのボックスの中に、サイトロゴとナビゲーションが入っています。

図11.1 要素とサイズを把握する

## HTMLのコーディング

前章までで並べたボックスの前に、ナビゲーションのボックスになる要素を追加します。ここにはページ全体の見出しとなるサイトロゴも入り、ページ全体のヘッダーとなる情報なので、header要素を使用します。

**ナビゲーションボックスのHTML**

```
<body>
  <header class="header item">
  </header>                        ← 追加
  <section class="item item-l item-maindish">
    <a href="#">
      <img class="image" src="images/image_L_1.jpg" alt="メインディッシュ">
      <div class="category">MAIN DISH</div>
      <p class="description">Lorem ipsum dolor sit amet, consectetur ➡
adipisicing elit, sed do eiusmod tempor incididunt ut labore et dolore ➡
magna aliqua.</p>
```

```
    </a>
  </section>
  …省略…
</body>
```

コーディング用のheaderクラスに加えて、itemクラスを指定してボックスの共通スタイルをあてます。

## CSSのコーディング

先ほど指定した.headerに対してCSSコーディングを行ないます。

**ナビゲーションボックスのCSS**

```
.header {
  padding: 25px 0; ――――→ ❶
  border-bottom: none; ――――→ ❷
  text-align: center; ――――→ ❸
}
```

上下の余白を指定し、上辺とロゴとの間隔をあけます（❶）。ナビゲーションのボックスには下線が不要なので非表示にします（❷）。ナビゲーションのボックス内の要素は中央寄せにしたいのでtext-align: center;を指定します（❸）。

横幅の指定は.itemのスタイルの中で定義されているので不要です。

## サイトロゴのコーディング

サイトロゴを配置します。PART1ではHTMLの中にテキストでサイト名を記載し、ロゴ画像はCSSで背景として指定する方法を紹介しました。今回は別の方法として、ロゴ画像をimg要素として直接HTMLに記載し、alt属性にサイト名のテキストを記述しています。

サイト名であるサイトロゴはページ全体のタイトルとなるのでh1要素でマークアップします。クリックしてサイトのトップページに遷移できるようにa要素も使用します。サンプルサイトのためリンク先は仮のものとします。

**サイトロゴのHTML**

```
<header class="header item">
  <h1>
    <a href="#">
      <img class="logo" src="images/logo.png" alt="SAMPLE SITE 2">   ― 追加
    </a>
  </h1>
</header>
```

CSSではロゴ画像のサイズを指定します。

サイトロゴのCSS

```
.logo {
  width: 136px;
  height: 136px;
}
```

図11.2 現時点での表示［サイトロゴの配置］

サイトロゴが配置されました。

クリックできることがわかるよう、ホバーしたときの動きも追加してみましょう。ロゴが円形であることを活かして、ホバーすると画像がくるっと1回転する動きを加えてみます。回転はtransformプロパティのrotateで指定できます。

参照 transformプロパティ ➔ P.76

サイトロゴのCSS

```
.logo {
  width: 136px;
  height: 136px;
  transition: transform 0.3s;      ――→ ❷
}
.logo:hover {
  transform: rotate(360deg);       ――→ ❶ ┐→ 追加
}
```

ロゴ画像にホバーしたときのスタイルを.logo:hoverに指定します（❶）。要素を変形させるtransformプロパティに回転を意味するrotateを指定し、角度は360deg、つまり1回転である360度を指定します。しかし、これだけだとホバーしても見た目が変わりません。通常時の0度とホバーしたときの360度は画像が1回転していてちょうど同じ見た目になるからです。

.logo要素のtransitionプロパティ（❷）でtransformプロパティを0.3秒かけて変化させることを指定すると、回っていることがわかるようになります。

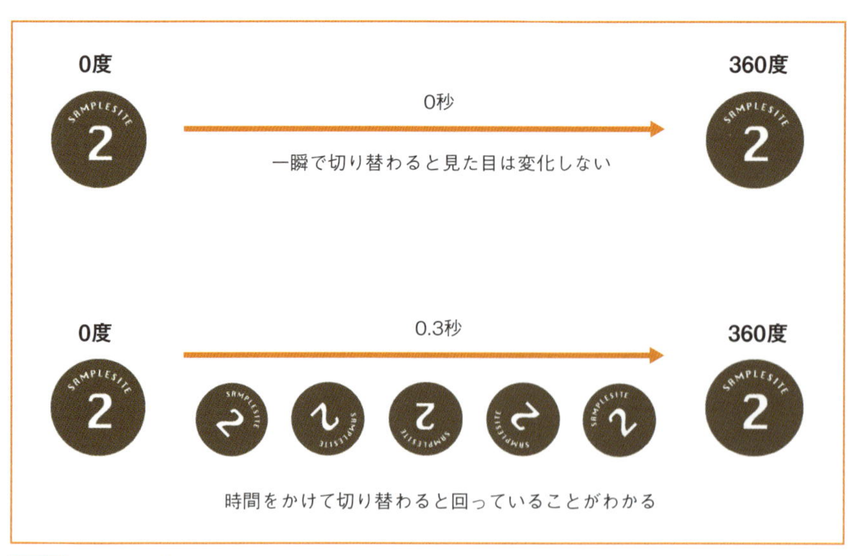


図11.3 transitionプロパティによる角度の変化

Safari 8以下ではtransformプロパティにベンダープレフィックスが必要なので、-webkit-のベンダープレフィックスを追加します。参照 ベンダープレフィックス→P.78

サイトロゴのCSS

```
.logo {
  width: 136px;
  height: 136px;
  transition: -webkit-transform 0.3s;   ← 追加
  transition: transform 0.3s;
}
.logo:hover {
  -webkit-transform: rotate(360deg);   ← 追加
  transform: rotate(360deg);
}
```

transitionで指定するプロパティ名のtransformにもベンダープレフィックスが必要なので注意しましょう。

これでホバーしたときの動きをコーディングできました。

## ナビゲーションリンクのコーディング

サイトロゴの下にナビゲーションのリンクを追加します。

ナビゲーションリンクのHTML

```
<header class="header item">
  <h1>
    <a href="#">
      <img class="logo" src="images/logo.png" alt="SAMPLE SITE 2">
```

```
    </a>
  </h1>
  <nav class="nav">
    <ul>
      <li class="nav-item"><a href="#">HOME</a></li>
      <li class="nav-item"><a href="#">ABOUT</a></li>
      <li class="nav-item"><a href="#">MAIN DISH</a></li>
      <li class="nav-item"><a href="#">APPETIZER</a></li>
      <li class="nav-item"><a href="#">BREAK TIME</a></li>
      <li class="nav-item"><a href="#">COLUMN</a></li>
      <li class="nav-item"><a href="#">OTHER</a></li>
    </ul>
  </nav>
</header>
```
→ 追加

図11.4 現時点での表示［リストの追加］

ul要素でリンクリストを追加しました。ul要素のUAスタイルシートはreset.cssによってリセットされています。CSSでデザインをコーディングしましょう。.navの上部に間隔をあけます。

**ナビゲーションリンクのCSS**

```
.nav {
  margin: 35px auto 10px;
}
```

続いて、リスト項目である.nav-itemをコーディングします。

**ナビゲーションリンク項目のCSS**

```
.nav-item {
  margin-top: 20px;  ❶
  text-align: center;
```

```
  letter-spacing: 1px;
  font-weight: bold;
  font-size: 1.3rem;
}
```

リスト項目の間は20pxずつあけたいのでmargin-topを指定します（❶）。一番上の項目のmargin-topはマージンの相殺により、.navが持つ35pxのmargin-topと相殺されるので、上部に間が開きすぎることはありません。

参照 マージンの相殺→P.38

text-align: center;でリスト項目のテキストを中央寄せにし、letter-spacingプロパティで文字間をあけ、文字のサイズと太さを指定します。

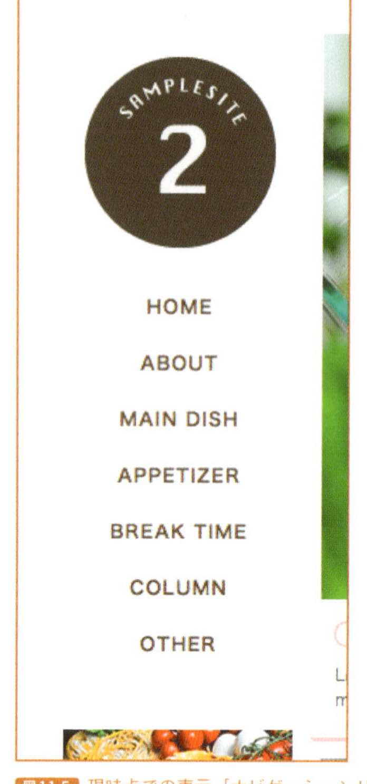


図11.5 現時点での表示［ナビゲーションリンク］

デザインどおりの見た目になりました。最後に、リンクにホバーしたときの見た目をコーディングしましょう。ホバーしたとき、下線が中央から両側に伸びて表示されるような動きをつけます。

線が伸びる動きは通常のリンク下線であるtext-decoration: underline;やa要素のborder-bottomプロパティでは表現できないので、::after擬似要素を使用します。横幅0の見えない状態でリンクの下に配置しておき、ホバーしたときだけ横幅を100%にして表示します。

ナビゲーションリンクの下線のCSS

```
.nav-item a {
  display: inline-block; ——→ ❶
}
.nav-item a::after {
  content: '';     ┐
  display: block;  ┘——→ ❷
  width: 0; ——→ ❺
  margin: 6px auto 0; ——→ ❸
```

```
  border-bottom: 1px solid #7C5119; ——→ ❹
  transition: width 0.3s ease-in-out; ——→ ❻
}
```

下線の最大幅はリンクテキストと同じ幅にしたいので、a要素にdisplay: inline-block;を指定します（❶）。ここの値がblockだとa要素の幅がリンクテキストの幅ではなく.nav-itemいっぱいになってしまいますし、inlineのままだとa要素の中に置かれる擬似要素が%で幅を指定することができません。inline-blockを指定することで、a要素の幅をリンクテキストと同じに保ちつつ子要素の%指定を有効にすることができます。

次に::after擬似要素の指定です。まずa要素の中にブロックレベルの::after擬似要素を作ります（❷）。marginでリンクテキストとの間隔をあけつつ、左右にautoを指定して中央寄せにします（❸）。border-bottomに表示したい線のスタイルを指定します（❹）。通常時には見えないように横幅を0にしておきます（❺）。ホバーしたときに横幅の変化がアニメーションするよう、transitionプロパティにwidthを指定します（❻）。ease-in-outはアニメーションの変化の仕方を指定するタイミング関数のキーワードです。ease-in-outを指定すると、線が伸びる始まりと終わりで伸びる速度を緩めることができます。

ONE POINT

### タイミング関数の種類

transitionプロパティでアニメーション効果を指定する際、その中のtransition-timing-functionプロパティにあたる値でアニメーション中の変化量の緩急を決めることができます。

参照 transitionプロパティ➔P.45

緩急の度合いはタイミング関数と呼ばれる値で表わします。自分で値を調整しなくても、用意されたキーワードを指定することで代表的な動きを使用することができます。

#### linear

アニメーションの始まりから終わりまで変化量は一定です（図11.A）。

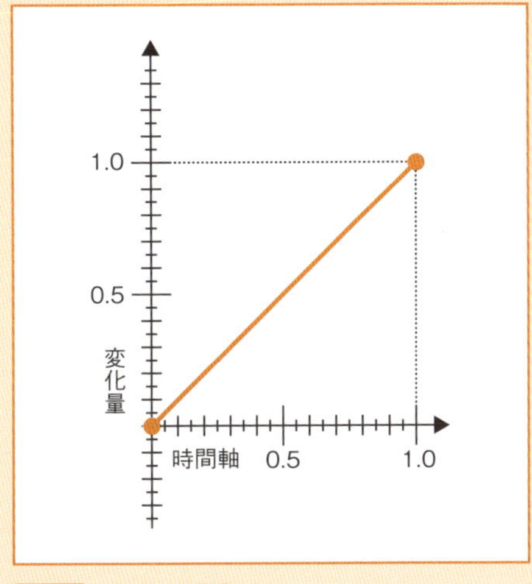


図11.A linearの変化量

**ease**

アニメーションの始まりと終わりの変化量が少し緩やかになります（図11.B）。linearよりも不規則的で、滑らかな印象を与えます。

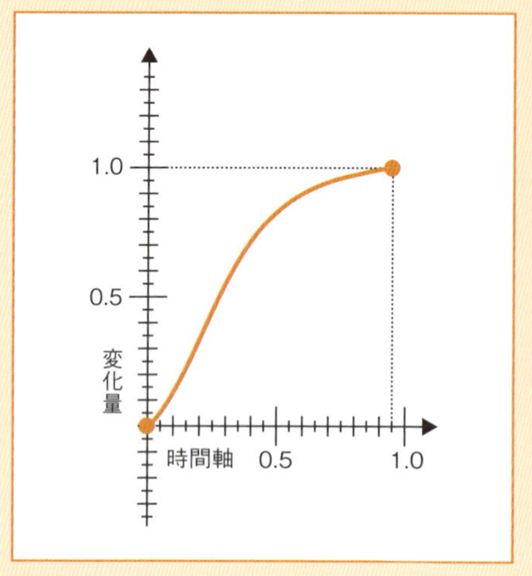


図11.B easeの変化量

**ease-in**

アニメーションの始まりの変化量がeaseよりもさらに緩やかになり、ゆっくりと始まる動きになります（図11.C）。終わりの変化量はlinearと同様です。

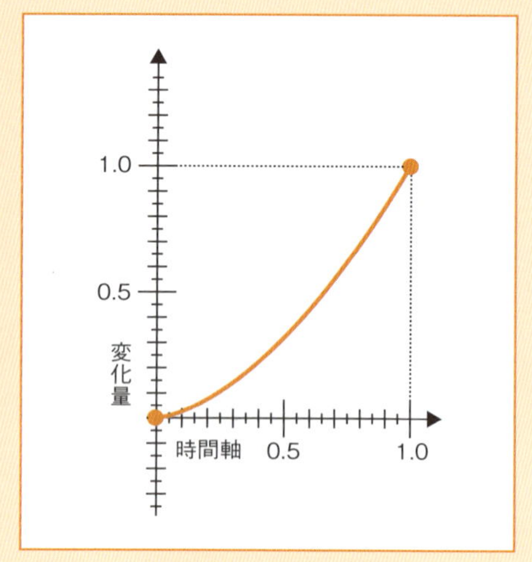


図11.C ease-inの変化量

**ease-out**

アニメーションの終わりの変化量がeaseよりもさらに緩やかになり、ゆっくりと終わる動きになります（図11.D）。始まりの変化量はlinearと同様です。

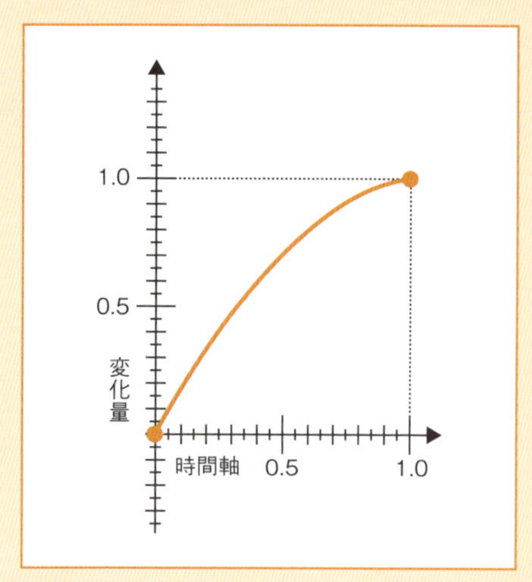


図11.D ease-outの変化量

**ease-in-out**

ease-inとease-outを両方かけたような形で、ゆっくりと始まりゆっくりと終わります（図11.E）。easeの始まりと終わりの緩やかさがさらに緩やかになった動きです。

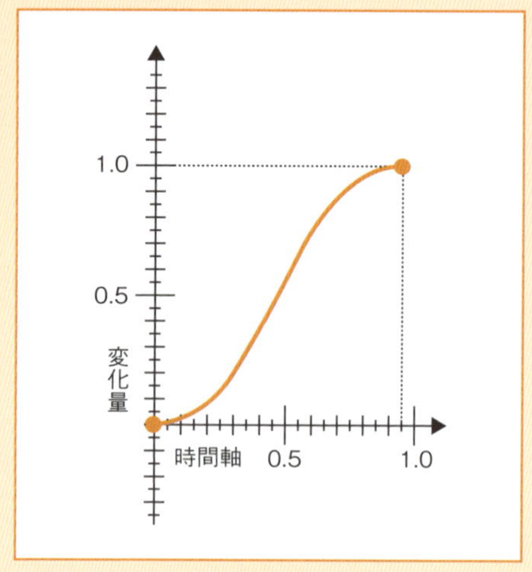


図11.E ease-in-outの変化量

上記以外の動きをつけたい場合にはcubic-bezier関数を使用することで細かいコントロールをすることもできます。

そして、リンクにホバーしたときの::after擬似要素の横幅を指定します。

ナビゲーションリンクの下線のCSS

```
.nav-item a:hover::after {
  width: 100%;
}
```

「リンクにホバーされた状態」を表わすa:hoverの::after擬似要素を指定したいので、セレクタはa:hover::afterとなります。::after擬似要素そのものにホバーするわけではないので、a::after:hoverとしてしまわないように注意しましょう。これで、ホバーしたときにテキストの下に線が伸び、ホバーが外れたときには線が縮むアニメーションを指定できました（図11.5）。

これでグリッドレイアウトのすべてのコーディングが完成しました。

図11.5 現時点での表示［下線の追加］



ONE POINT

### グレースフルデグラデーションとプログレッシブエンハンスメント

ロゴの回転やリンクの下線のように、本書のサンプルサイトではtransitionプロパティを使用してアニメーションをかけている箇所がいくつかあります。

transitionプロパティはIE10以上からの対応なので、IE9ではアニメーションはかからず、瞬間的に変化することになります。しかし、アニメーションがかからなくてもコンテンツの表示や閲覧はできます。たとえば先ほどのリンクリストは、IE9では線が伸びるアニメーションは表示できないものの、下線自体は表示され、リンクをクリックすることもできます。このように基本的にはモダンブラウザをターゲットとしたリッチな実装を行ないつつ、下位ブラウザでは表示のレベルを落とすという思想をグレースフルデグラデーションと呼びます。

逆に、基本的なターゲットはレガシーブラウザや中基準のブラウザとしてデザインやコーディングを行ない、それに加えて一部のモダンブラウザではモダンな機能を使用したリッチな見せ方を加える、という思想をプログレッシブエンハンスメントと呼びます。

どちらもレガシーブラウザ、モダンブラウザ両方を視野に入れており、似た思想ではありますが、「古い環境と新しい環境のどちらを基本的なターゲットとしているか」が異なっています。

PART 2

# セルフコーディングにチャレンジ

**PARTの最後に力試しです。決まった正解はありません。デザインを見て、自分が良いと思う組み方で楽しみながらコーディングしてみましょう！**

★★

## ホバーしたときの「MORE」表示

リンクになっているボックスにホバーしたとき、「もっと読む」を意味する「MORE」という表示を出してみましょう！視認性を上げるために「MORE」の表示と同時に画像のエリアが少し暗くなっています。位置はどのサイズのボックスでも画像の中央です。

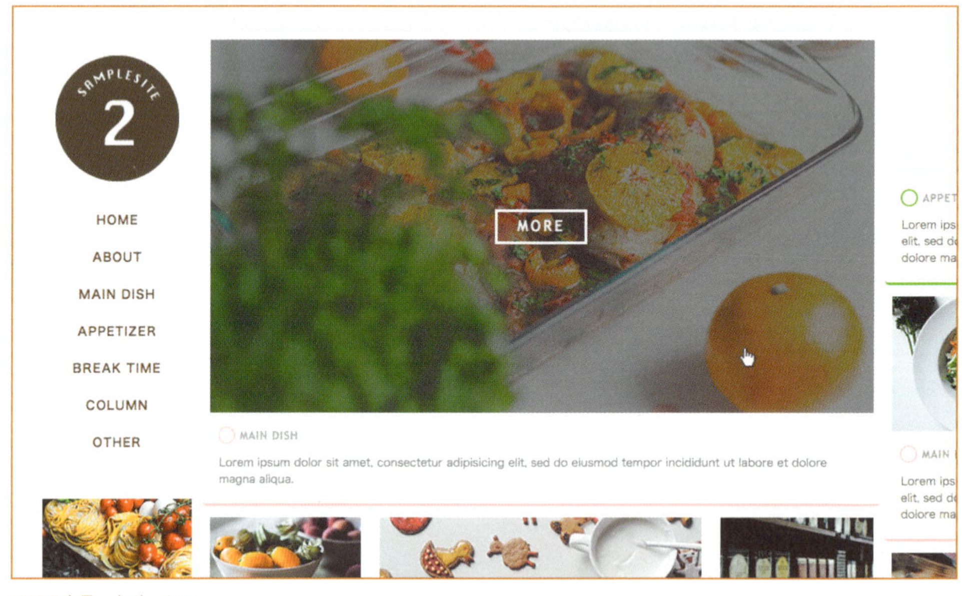


MORE表示　大ボックス

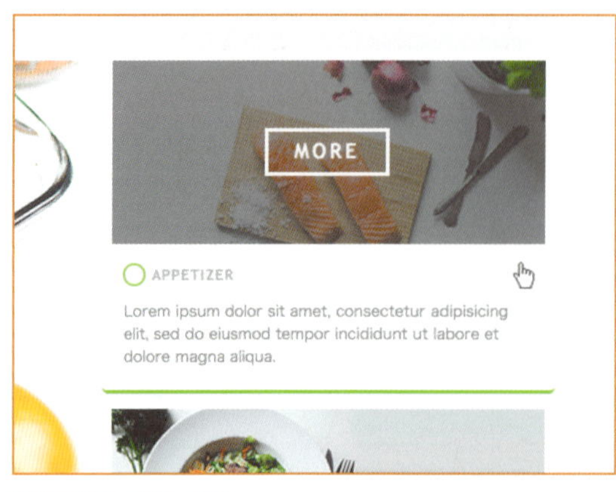


MORE表示　中ボックス

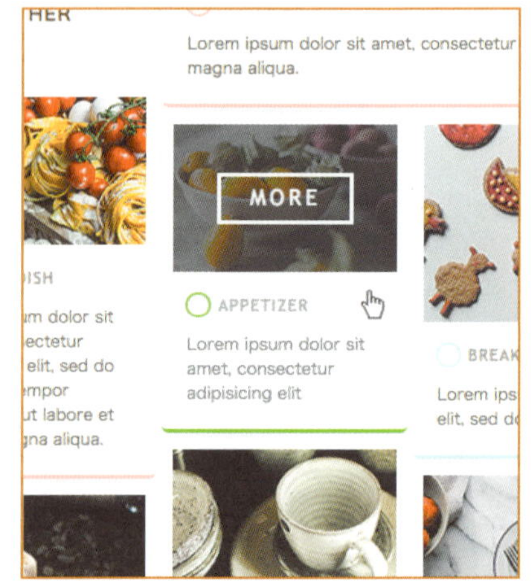


MORE表示　小ボックス

右からスライドして表示されるようなアニメーションもつけてみましょう！　あわせて画像部分の暗さや「MORE」自体の透明度もアニメーションさせると、より自然な表示になります。

右からスライドして表示

## HINT

追加するのはMOREの表示と画像部分の暗さの2点。

画像部分を暗くするには、画像と同じ位置に半透明の黒い要素をかぶせればよさそうです。
▶ P.203

図のMOREの横幅は100px、枠線の太さは3pxです。フォントはカテゴリ部分と同じです。

右からスライドということは、位置が変化していきます。どのプロパティを変化させればいいでしょうか？　▶ P.170

擬似要素を使うことで、今の状態のHTMLを変更せずにコーディングすることができるでしょうか？　▶ P.103
それができたら、今度はHTMLを変更することでCSSをもっと単純にすることができないか、も考えてみましょう！

参照　筆者のコーディング例 ➔ APPENDIX P.232

COLUMN

## Flexbox

CSS3にはFlexible Box、通称Flexboxというレイアウトモードがあります。このFlexboxを使うと、これまでのfloatやtableレイアウトでは難しかったレイアウトが簡単にできるようになります。具体的にはCSSだけで次のようなことが可能になります。

- 縦並び、横並びの指定
- 右寄せ、左寄せ、中央寄せの指定
- 上寄せ、下寄せ、中央寄せの指定
- 要素を並べたときの折り返しの指定
- 要素を並べる順番の指定
- 要素を並べる方向の指定（左から右、右から左、上から下、下から上）
- 余白を挟む位置の指定
- 要素の伸縮の指定

要素の表示可能領域に応じて要素を伸ばしたり折り返したり、並び順をCSSだけで変えたりといった、これまでは大変苦労したような柔軟なレイアウトが簡単にできるようになります。ただし現在対応しているのはモダンブラウザのみで、IE9では非対応、IE10は古い仕様が実装されているため指定するキーワードなどが異なります。加えてシェアの多いSafari 8以下でもまだベンダープレフィックスが必要で、それらすべてを普通のCSSで記述していくのは現実的ではないため、本書では取り上げていません。

しかし、対象ブラウザがモダンブラウザのみである場合や、自動でプレフィックスをつけてくれるビルドツールなどを使用する場合には良い選択肢の1つになります。興味のある方はぜひWebの記事などを参照してみてください。

- Webクリエイターボックス これからのCSSレイアウトはFlexboxで決まり！
  http://www.webcreatorbox.com/tech/flexbox/

# PART 3

## シングルページレイアウト

# Chapter 12

# このPARTで作るサイト

このPARTでは、個人のポートフォリオサイトや商用のランディングページなどで多く見られる一枚構成のシングルページサイトを制作していきます。



## シングルページレイアウト

このPARTで作成するサイトのデザインを確認してみましょう。

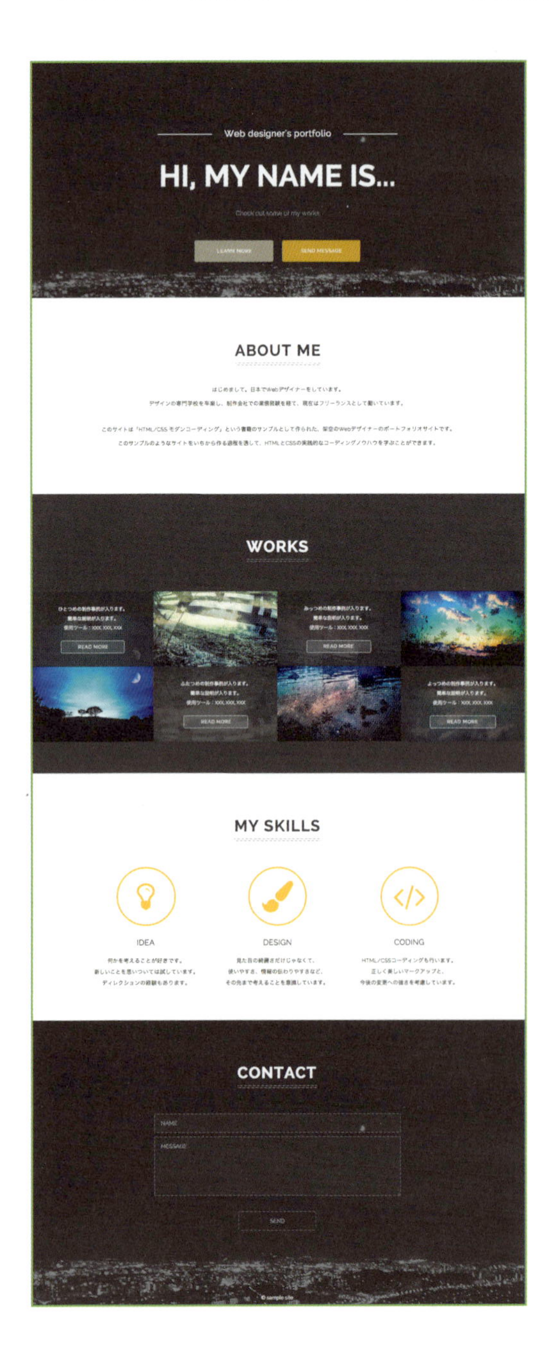


スマートフォン表示

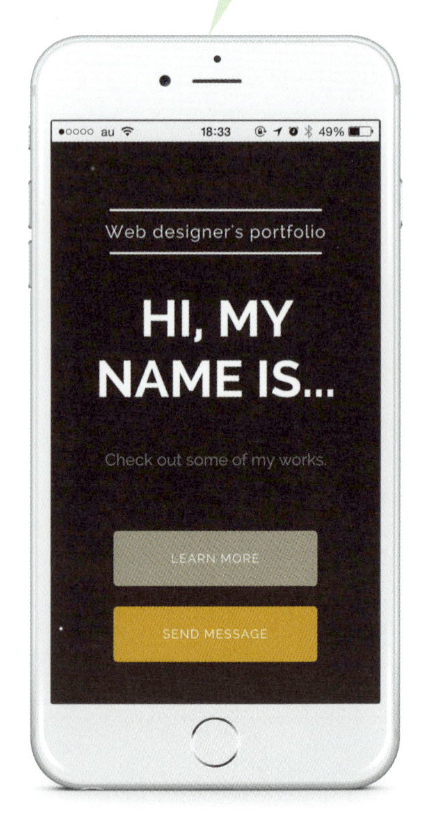

## このレイアウトの特徴

多数の情報を包括的に掲載できるPART1のスタンダードレイアウトとは対照的に、このPARTで作成するシングルページレイアウトは1つのコンテンツを前面に押し出してアピールすることに向いています。

この特徴を活かせる例としては、特定の商品にフォーカスした特設サイトや期間限定のキャンペーンサイト、クリエイターが自分の情報をアピールするポートフォリオサイトなどがあります。画面を広く使い視覚に訴えやすいので、押し出したい情報を目を引く形で効果的に掲載できます。

また、ページ遷移がないままコンテンツを最初から最後まで一続きに見せることができ、ユーザーが離脱しづらいというメリットもあるため、広告のリンク先となり本サイトへの誘導になるようなランディングページにも多く使用されます。そのぶんすべてのコンテンツの要素を1ページに詰め込むため、サイトの読み込みに時間がかかりすぎないよう画像サイズを抑えるなどの注意が必要です。

他にも、シンプルに1枚のページをスクロールして見ていくという形式のため、スマートフォンやタブレットへの表示最適化が行ないやすいというメリットもあります。実際にこのPARTでもスマートフォン対応まで含めたコーディングを行なっていきます。

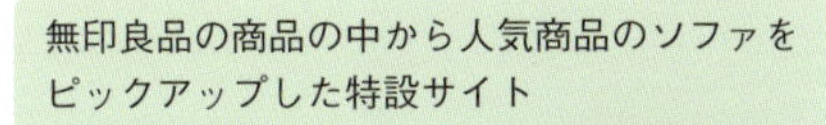


スマートフォン表示

図12.1 MUJI to Relax

スクロールと固定背景をうまく利用した
アーティストオフィシャルサイト

図12.2 森山直太朗オフィシャルサイト

## サイトを構成する要素

- ヘッダー
- セクション1（ABOUT ME）
- セクション2（WORKS）
- セクション3（MY SKILLS）
- セクション4（CONTACT）
- フッター

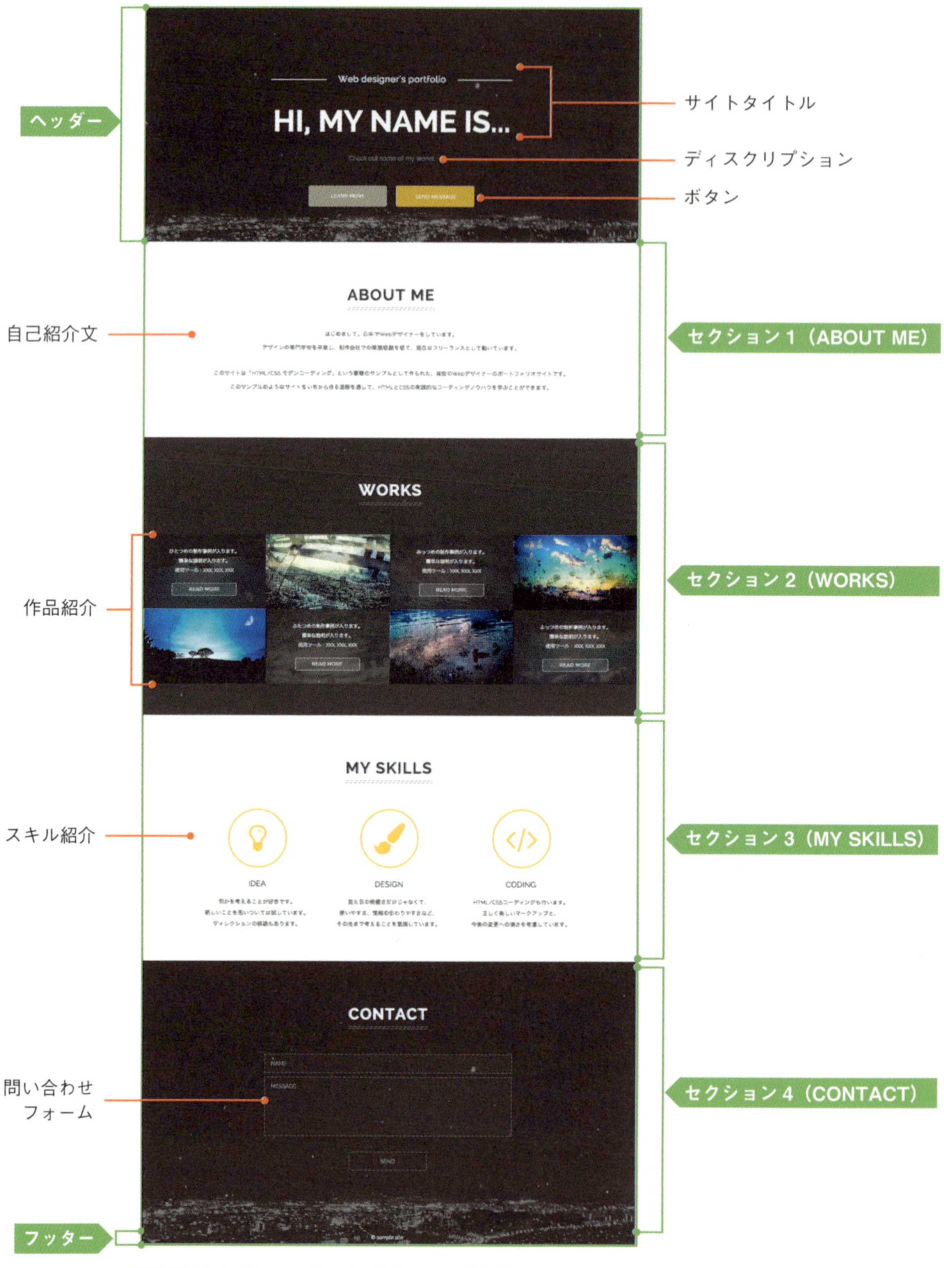


図12.3 シングルページレイアウトのページ構成

このPARTではシングルページレイアウトを使用して、架空のウェブデザイナーのポートフォリオサイトを作成していきましょう。

Chapter 13

# ベースのコーディング

**それぞれの箇所のコーディングに入る前に、サイト全体に影響する箇所のコーディングを行ないます。**

## ファイル構成

今回作成するシングルページレイアウトサイトのファイル構成を確認しましょう（図13.1）。

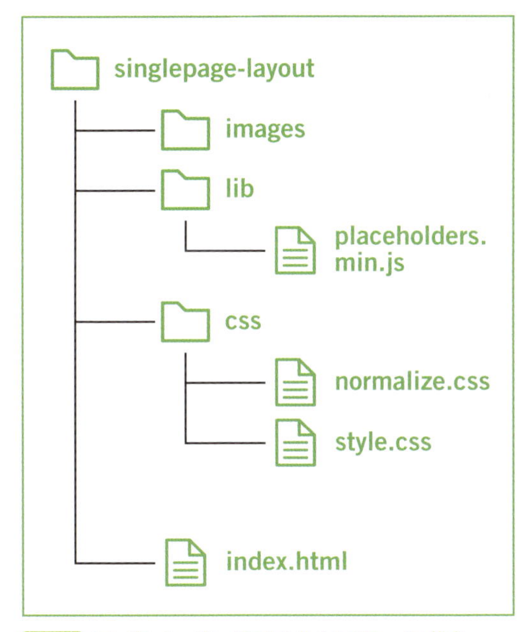


図13.1 シングルページレイアウトサイトのファイル構成

ベースになるファイル構成は、翔泳社のダウンロードサイトで配布しています。P.6の「ダウンロード」に従い、ダウンロードしてください。images/以下、lib/以下、css/normalize.cssについてはダウンロードしたファイルをそのまま使用します。

参照 リセットCSSについて→P.10

メインとなるindex.htmlとcss/style.cssをこれから記述していきましょう！

## 要素とサイズの確認

サイトを構成する要素とサイズを確認してみましょう（図13.2）。

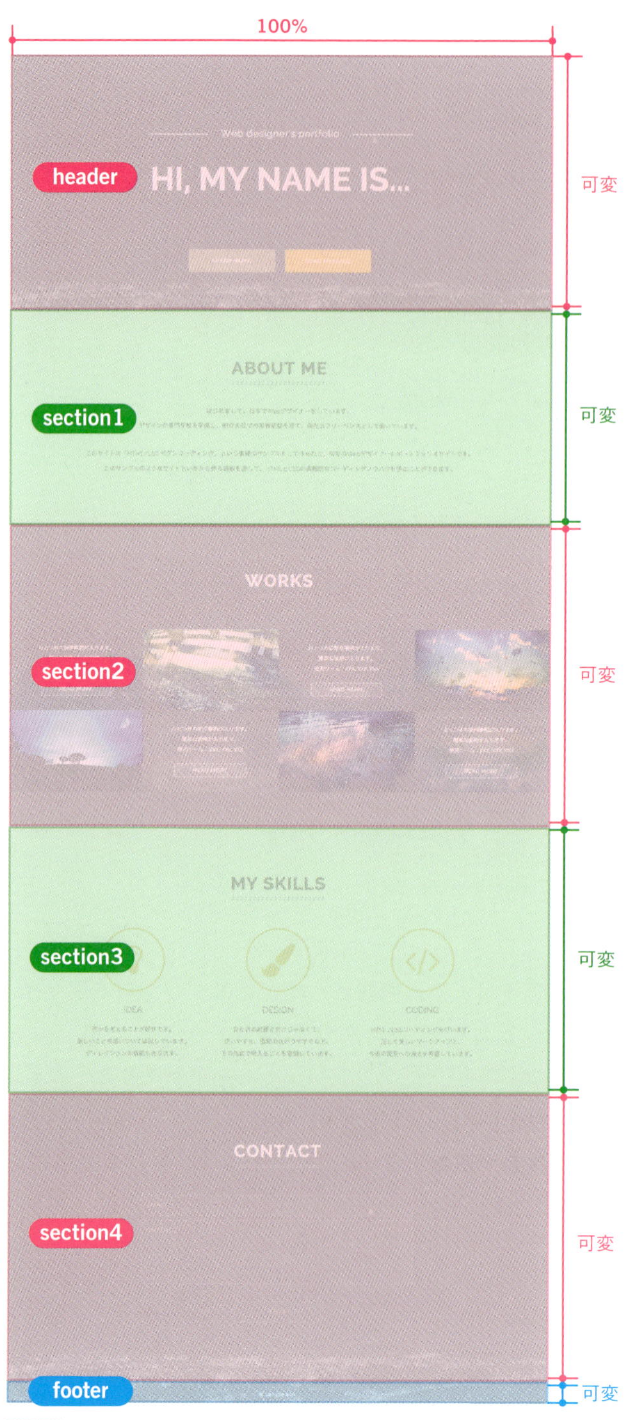


図13.2 要素とサイズを把握する

ヘッダーと4つのセクション、シンプルなフッターから構成されることが見てとれます。全体の横幅はウィンドウいっぱいの100%、縦幅は規定せず中身の要素の高さ次第で可変になります。中身を作り始める前に、それぞれの要素の枠組みとレイアウトを定義してみましょう。

## HTMLコーディング

先ほど把握した要素の大枠を配置していきます。

ベースになるHTML

```
<!DOCTYPE html>
<html lang="ja">
<head>
  <meta charset="UTF-8">
  <title>シングルページレイアウト</title>
  <link rel="stylesheet" href="css/normalize.css">
  <link rel="stylesheet" href="css/style.css">
</head>
<body>
  <header class="header">
  </header>
  <section class="about">
  </section>
  <section class="works">
  </section>
  <section class="skills">
  </section>
  <section class="contact">
  </section>
  <footer class="footer">
  </footer>
</body>
</html>
```

head要素内で文字コード指定と必要なCSSの読み込みを行ない、body要素内にheader要素、footer要素、section要素を配置しました。section要素はheader要素やfooter要素と同じくHTML5で新しく追加された要素で、その文章が1つのまとまり（セクション）であることを表わす要素です。

それではCSSでベースとなるスタイルを記述しましょう。

## CSSコーディング

まず、PART1で使用したremとbox-sizingを使用するためのスタイルを記述します。

参照 remとemの違い→P.30 | box-sizingプロパティ→P.52

ベースになるレイアウトのCSS

```
@charset "UTF-8";

html {
  font-size: 62.5%;
}
*, *::before, *::after {
  box-sizing: border-box;
}
```

続いて、bodyに対するスタイルを記述します。

```
body {
  background: #151515 url('../images/bg.png') no-repeat fixed left bottom; → ❶
  background-size: cover; → ❷
  color: #fff;
  text-align: center;
  font-size: 1.4rem;
  font-family: "Hiragino Kaku Gothic ProN", Meiryo, sans-serif;
}
```

ヘッダーとセクション4（CONTACT）とフッターには黒ベースの背景画像が敷かれていますが、そちらはbodyの背景として指定します。backgroundプロパティ内でbackground-attachmentの値をfixedに指定し背景画像がスクロールされないようにすることで、ページをスクロールするごとに文章と背景の位置にズレが生じ、よりシングルページレイアウトらしい視覚効果を生み出すことができます（❶）。

さらにbackground-sizeプロパティにcoverキーワードを指定し、背景に指定した画像で領域全体を覆います（❷）。

ONE POINT

### background-sizeプロパティ

background-sizeプロパティで背景画像の大きさを指定できます。値の指定方法は以下のいずれかになります。

- background-size: 幅 高さ;
- background-size: 幅;（高さにはautoが指定される）
- background-size: キーワード;

指定できる値の種類は次のとおりです。サンプルとして200px×200pxの要素に400px×267pxの画像を背景として中央位置に繰り返しなしで指定しています。

### auto（初期値）

画像の元の比率を保ちます。縦横どちらもautoが指定されている場合、画像は元の大きさで表示されます。

図13.A auto

### cover

キーワードです。背景画像が元の比率を保ったまま要素を完全に覆う最小の大きさになります。

図13.B cover

### contain

キーワードです。背景画像が元の比率を保ったまま要素の中に収まる最大の大きさになります。

図13.C contain

**数値＋単位**

指定されたサイズで背景画像を表示します。

図13.D 数値＋単位　縦は初期値のauto

図13.E 数値＋単位　2値指定

**割合**

背景画像を表示できる領域を100%として、指定された割合で画像を表示します。

図13.F 割合　縦は初期値のauto

図13.G 割合　2値指定

background-sizeプロパティはbackgroundプロパティの中でも指定できますが、Android 4.3まではbackgroundプロパティ内での指定をサポートしていないので、background-sizeだけはbackgroundプロパティに含めず個別に指定する必要があります。

また、background-sizeプロパティを指定した後にbackgroundプロパティを指定するとbackground-sizeプロパティの値が初期値でリセットされてしまうので気をつけましょう。

参照 backgroundプロパティ→P.33

background-size: cover;の指定によってbody要素は背景画像に覆われますが、加えて背景色にも黒を指定しておきます（❶）。これにより、万が一、画像が表示されなかった場合にも上に載る白いテキストが読めるようになります。

## Webフォントを使用する

続いてはフォントの指定です。今回のサイトではデザインを重視したいため、欧文テキストにのみWebフォントを使用してみましょう。

### Webフォントとは

従来、Webページのテキストの表示には閲覧者のデバイスにインストールされたフォントしか利用できませんでした。

図13.3 Webフォント導入前のイメージ

しかし、CSS3から追加されたWebフォントの機能を使用すると、使用したいフォントファイルをWebサーバーにアップロードして参照することで、閲覧者のデバイスに入っていないフォントでもWebページのテキストの表示に使用することができます。

```
@font-face {
  font-family: Harenosora;
  src: url('path/to/harenosora.otf');
}

body {
  font-family: Harenosora, "Hiragino Kaku Gothic ProN", Meiryo, sans-serif;
}
```

このフォントファイルのフォントをHarenosoraという名前で読み込み

使用

Mac

テキストテキストテキスト

ABC abc 123

Webフォントとして読み込んだフォントで表示

Windows

テキストテキストテキスト

ABC abc 123

Webフォントとして読み込んだフォントで表示

図13.4 Webフォント導入後のイメージ

これにより、閲覧環境にどのフォントが入っているかを気にすることなくサイトの製作者が選んだフォントを自由に利用できるようになりました。

便利なWebフォントですが、フォントファイルの読み込み時間には注意が必要です。大きな画像を使用しすぎると表示に時間がかかるように、Webフォントも使用しすぎたりファイルサイズの大きなWebフォントを使用すると読み込みに時間がかかり、サイトの利便性を損なうことになります。特に日本語はひらがな、カタカナに加えて漢字の種類が膨大で、多くの漢字をカバーするに従ってフォントファイルのサイズも大きくなります。

今回は読み込み時間を抑えるため、欧文のみに対応したWebフォントを使用します。今回のポートフォリオサイトのようにタイトルや見出しなどで英語を使用しているサイトであれば、それだけでもずいぶん印象が変わります。

手軽なWebフォントの導入方法として、Googleが提供するGoogle Web Fontsというサービスを利用する方法があります。

## Google Web Fontsの使い方

まず、Google Web Fontsのウェブサイト（https://www.google.com/fonts/）にアクセスします。

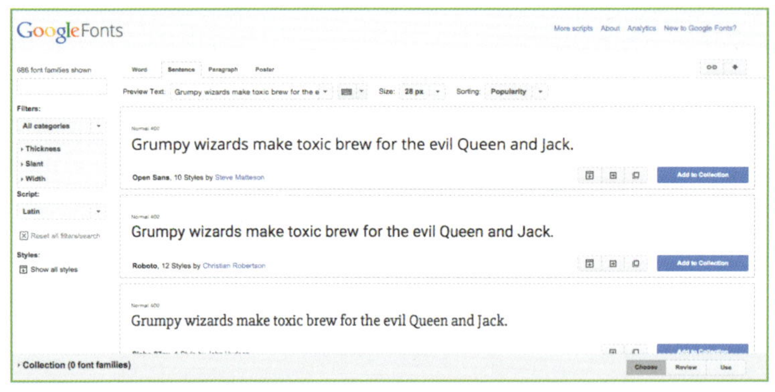


図13.5 Google Web Fonts

たくさんのフォントが並んでいるので、その中から利用したいフォントを探します。左側のメニューから書体のカテゴリを指定して絞り込むこともできます。

今回はWの形に特徴のある「Raleway」というフォントを利用したいと思います。利用したいフォントを探したら、右向きの矢印のボタンをクリックします。

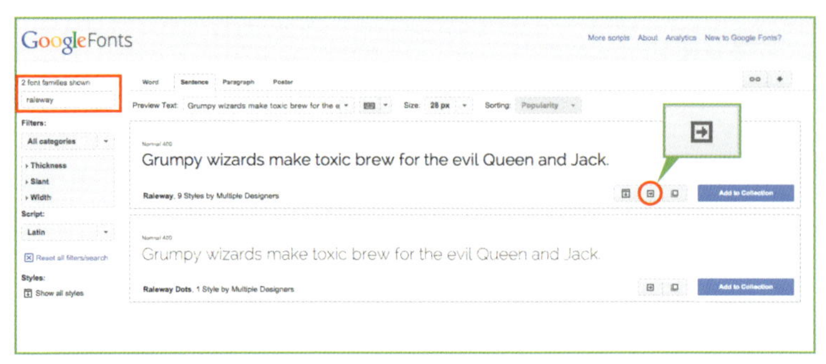


図13.6 右向きの矢印のボタンをクリック

次に表示されるページで、使用したいフォントの太さを選択します。多くの太さを使用するとそれだけファイルサイズも大きくなるので、必要な太さにのみチェックを入れましょう。右側のメーターで目安を知ることができます。赤に近くなるほど、ページの読み込み速度が遅くなることになります。

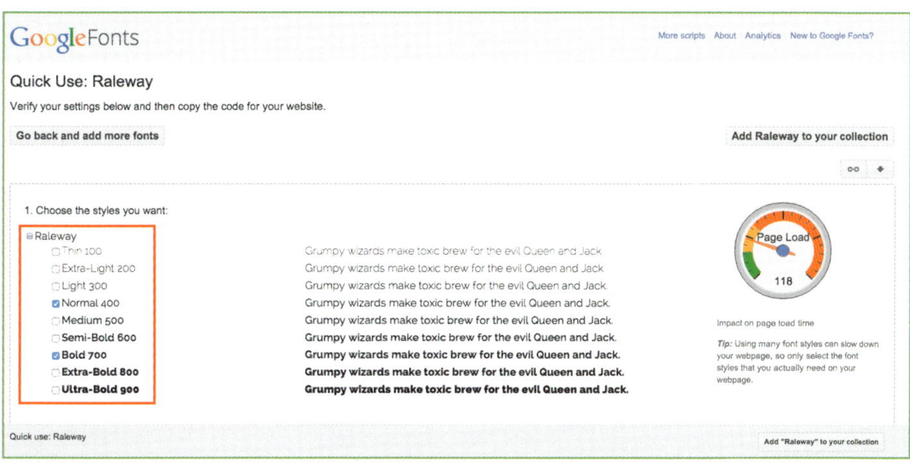


図13.7 必要な太さにチェック

今回はNormal（400）とBold（700）を使用します。

そのままページをスクロールするとフォントファイルの読み込み用コードが表示されるので、HTMLのhead要素の中に貼り付ければフォントの読み込みは完了です。サンプルコードでは貼り付ける際に他のlinkタグに合わせて記述を整えています。

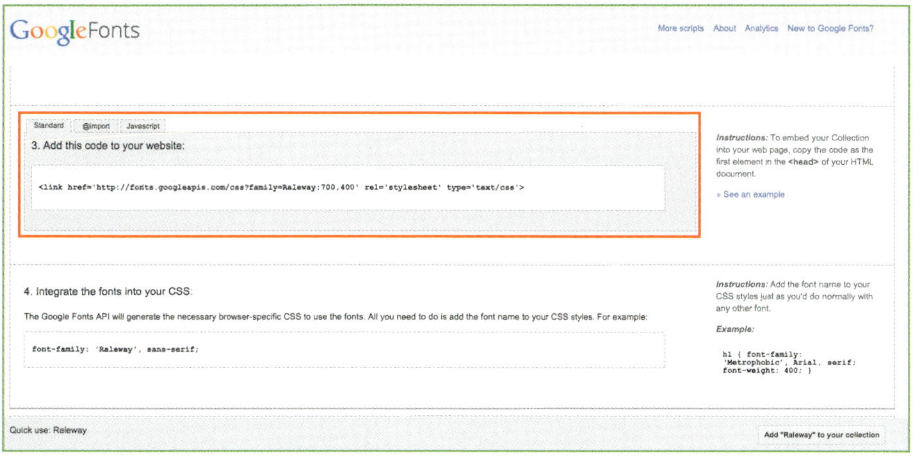

GoogleFonts
More scripts About Analytics New to Google Fonts?
Standard @import Javascript
3. Add this code to your website:
<link href='http://fonts.googleapis.com/css?family=Raleway:700,400' rel='stylesheet' type='text/css'>
Instructions: To embed your Collection into your web page, copy the code as the first element in the <head> of your HTML document.
» See an example
4. Integrate the fonts into your CSS:
The Google Fonts API will generate the necessary browser-specific CSS to use the fonts. All you need to do is add the font name to your CSS styles. For example:
font-family: 'Raleway', sans-serif;
Instructions: Add the font name to your CSS styles just as you'd do normally with any other font.
Example:
h1 { font-family: 'Metrophobic', Arial, serif; font-weight: 400; }
Quick use: Raleway
Add "Raleway" to your collection

図13.8 読み込み用コード

### 読み込み用コードの追加

```
<head>
  <meta charset="UTF-8">
```

```
  <title>シングルページレイアウト</title>
  <link rel="stylesheet" href="http://fonts.googleapis.com/css?family➡
=Raleway:700,400"> ——————————→ 追加
  <link rel="stylesheet" href="css/normalize.css">
  <link rel="stylesheet" href="css/style.css">
</head>
```



最後に、そのフォントを利用したい箇所でfont-familyプロパティの指定を行ないます。先ほど表示した読み込み用コードの下に、CSSで指定する際のフォント名が表示されています。

図13.9 フォント名

**読み込んだWebフォントの指定を追加**

```
body {
  background: #151515 url('../images/bg.png') no-repeat fixed left bottom;
  background-size: cover;
  color: #fff;
  text-align: center;
  font-size: 1.4rem;
  font-family: Raleway, "Hiragino Kaku Gothic ProN", Meiryo, ➡
sans-serif; ——————————→ 追加
}
```

font-familyの指定は左側から順に適用されます。日本語フォントの前に欧文フォントを記述することで、英数記号など欧文フォントの範囲内の文字にはRalewayが適用され、全角文字など欧文フォントに含まれない文字には次のHiragino Kaku Gothic ProN、そのフォントが存在しなければMeiryoが適用されることになります。逆にRalewayをHiragino Kaku Gothic ProNの後に指定してしまうと、欧文フォントの範囲内の文字でもHiragino Kaku Gothic ProNが適用されてしまうので、font-familyの指定順には注意が必要です。

では、次の章からさっそく各セクションのコーディングを始めていきましょう。

Chapter 14

# ヘッダーのコーディング

まずは、最初に目に入る大きな背景が表示されたヘッダーをコーディングしていきます。

## 要素とサイズの確認

図14.1 要素とサイズを把握する

.headerの背景のように見える写真は、実際には前章でコーディングしたbody要素の背景です。.headerの背景は透明なので、指定は不要です。paddingのみ指定しておきましょう。上下に加え、中のテキストが増えたりウィンドウが狭まったりした場合を考慮して左右にもpaddingをとっておきます。

.headerのCSS

```
.header {
  padding: 170px 30px 80px;
}
```

## サイトタイトル

ファーストビューで目を引く大きなサイトタイトルをコーディングします。まずはHTMLです。

サイトタイトルのHTML

```
<header class="header">
  <p class="site-title-sub">Web designer's portfolio</p>
  <h1 class="site-title">HI, MY NAME IS...</h1>
</header>
```

追加

PART 0 PART 1 PART 2 PART 3 APPENDIX

今回は1ページで完結するサイトのためサイトタイトルにトップページへのリンクは入れず、シンプルにp要素とh1要素のみでマークアップします。

サイトタイトル上のサブタイトルの要素からCSSコーディングしていきましょう。

サブタイトルのCSS

```
.site-title-sub {
  margin: 0 0 30px;
  letter-spacing: 1px;
  font-size: 2.2rem;
}
.site-title-sub::before,
.site-title-sub::after {  ──→ ❶
  content: '';
  display: inline-block;
  width: 140px;
  height: 2px;
  margin: 0 30px;
  background-color: #fff;
  vertical-align: middle;  ──→ ❷
}
```

ポイントはテキストの両端に延びる線です。::before、::after両方の擬似要素を左右に1つずつ使って表現します（❶）。幅140px、高さ2pxの線状の要素をinline-blockでテキストの横に並ばせ、間隔をとります。線が縦方向で文字の中央にくるように、vertical-align: middle; を指定します（❷）。参照 vertical-align プロパティ ➔P.74

続いて、サイトタイトル部分です。文字サイズとマージンの調整のみで表現できます。

サイトタイトルのCSS

```
.site-title {
  margin: 50px 0 40px;
  font-size: 7.6rem;
}
```

## ディスクリプション

サイトタイトルの下にディスクリプションを挿入しましょう。

ディスクリプションのHTML

```
<header class="header">
  <p class="site-title-sub">Web designer's portfolio</p>
  <h1 class="site-title">HI, MY NAME IS...</h1>
  <p class="site-description">Check out some of my works.</p>  ──→ 追加
</header>
```

**ディスクリプションのCSS**

```
.site-description {
  margin-bottom: 50px;
  color: #888;
  font-size: 1.6rem;
}
```

## ボタン

続いて、その下に並ぶ2色のボタンをコーディングします。

**ボタンのHTML**

```
<header class="header">
  <p class="site-title-sub">Web designer's portfolio</p>
  <h1 class="site-title">HI, MY NAME IS...</h1>
  <p class="site-description">Check out some of my works.</p>
  <div class="buttons">
    <a class="button" href="#about">LEARN MORE</a>
    <a class="button button-showy" href="#contact">SEND MESSAGE</a>
  </div>                                                              → 追加
</header>
```

今回のボタンは実際にはボタンではなく、ボタン風の見た目をしたリンクです。href属性に他の要素のidを指定するとページ内リンクになり、クリックするとそのidがつけられた要素のある場所へ移動できます。

移動先にしたい要素にidを追加しておきましょう。

**リンク先の要素にidを追加**

```
<header class="header">
  <p class="site-title-sub">Web designer's portfolio</p>
  <h1 class="site-title">HI, MY NAME IS...</h1>
  <p class="site-description">Check out some of my works.</p>
  <div class="buttons">
    <a class="button" href="#about">LEARN MORE</a>
    <a class="button button-showy" href="#contact">SEND MESSAGE</a>
  </div>
</header>
<section class="about" id="about"> ——→ idを追加
</section>
<section class="works">
</section>
<section class="skills">
</section>
<section class="contact" id="contact"> ——→ idを追加
</section>
<footer class="footer">
</footer>
```

idへのリンクによってページ内の場所へ移動できるようになりました。

ボタンのコーディングに戻ります。ボタン風のスタイルのベースとしてbuttonというクラスを作成します。デフォルトでは左側の茶色いボタンの見た目になります。

ボタンのCSS

```
.button {
  display: inline-block;            ❶
  width: 200px;
  padding: 20px;
  border-radius: 4px;
  background-color: #afa58d;
  color: #fff;
  text-decoration: none;            ❷
  letter-spacing: 1px;
  font-size: 1.2rem;
}
.button:hover {
  opacity: 0.9;                     ❸
}
```

ボタンは縦横幅を指定しつつ横に文字や要素を並べる場合も多いので、inline-blockにしておくと扱いやすいです（❶）。リンクの下線が表示されないよう、text-decoration: none;を指定します（❷）。ホバーしたときには透明度を下げ、触れていることがわかるようにします（❸）。

その下に続けて、オレンジ色で目立たせるボタン用のクラスを.button-showyとして定義します。このクラスは背景色を変えることのみを行ないます。

目立たせるボタンのCSS

```
.button-showy {
  background-color: #f1b400;
}
```

使用するときには1つの要素に.buttonと.button-showyの両方を指定することで、.buttonのスタイルをベースに背景色のみ.button-showyで上書きすることができます。CSSではセレクタの詳細度が同じ場合は後に書かれたスタイルで上書きされていくため、後に書かれた.button-showyの背景色が適用されます。

ONE POINT

## セレクタの詳細度

CSSで要素を指定するときに使用するセレクタには詳細度という概念があります。詳細度とは簡単にいうと、どのセレクタが一番「強い」かということです。ある要素へのCSSの指定が競合したときに、より強いセレクタのCSSが優先されます。

セレクタを詳細度の高い順に並べると以下のようになります。() 内に例を記載しています。

- HTMLのstyle属性（style=""）
- id（#sample）
- class（.sample）、擬似クラス（:hover）、属性（[type="submit"]）
- 要素型（div）、擬似要素（::before）

図14.Aの例でいうと、divという要素型のセレクタよりも.sampleというクラス名のセレクタのほうが詳細度が高いので優先され、文字色は赤になります。

競合するスタイルの詳細度が同じである場合は、後に書かれたものが優先されます。

図14.Bの例では、.redと.blueはともにクラスセレクタで詳細度が同じなので、後に書かれた.redの指定が優先されています。CSS定義の順番を入れ替えると.blueが優先されます。影響するのはCSS定義の順番であって、HTMLでのクラス指定の順番ではありません。

指定が複数重なると、詳細度も増えていきます。図14.Cにある.redはクラスセレクタ1つぶんの詳細度ですが、div.blueは要素型セレクタ1つとクラスセレクタ1つぶんの詳細度となるので、.redよりも詳細度が高くなっています。

```
<div class="sample">sample text</div>
```

**競合するCSS**

```
.sample { color: red; }
div { color: blue; }
```



**実際の表示**

sample text

図14.A 詳細度が異なる指定の競合

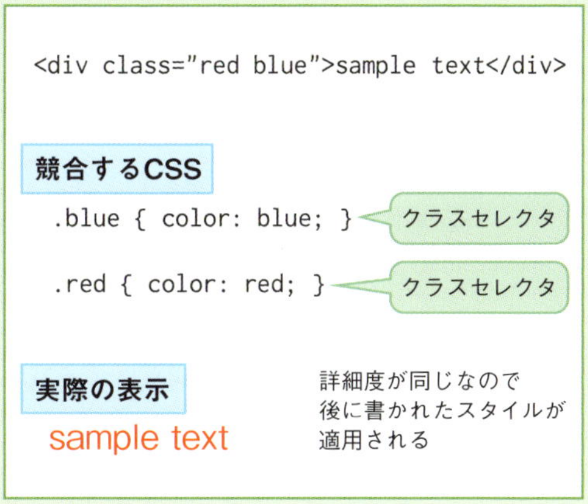

```
<div class="red blue">sample text</div>
```

**競合するCSS**

```
.blue { color: blue; }
.red { color: red; }
```



**実際の表示**

sample text

詳細度が同じなので後に書かれたスタイルが適用される

図14.B 詳細度が同じ指定の競合

```
<div class="red blue">sample text</div>
```

**競合するCSS**

```
div.blue { color: blue; }
.red { color: red; }
```



**実際の表示**

sample text

図14.C 複数の指定による詳細度の変化

idはクラスセレクタよりも詳細度が高いので優先されます。

```
<div class="red blue" id="yellow">sample text</div>
```

**競合するCSS**

```
#yellow { color: yellow; }
.red { color: red; }
.blue { color: blue; }
```



**実際の表示**

sample text

図14.D クラスよりもidの詳細度が高い

ここからわかるように、CSSの指定にidを使用するとスタイルの上書きが難しくなってしまいます。idはHTMLでのページ内リンクやJavaScriptでのみ使用し、CSSではなるべくクラスを使用したほうが詳細度の計算をシンプルにでき、保守性が上がります。

ちなみに、クラス名を決めるときのポイントとして、なるべく直接的な見た目に関わる命名ではなく意味合い的な命名をすることを心がけると後々の変更に強くなります。

たとえば、ここでオレンジ色のボタンの名前を「button-orange」としてしまうと、その後デザインに変更が出てそのボタンの色がピンクになった際、クラス名は「button-orange」なのに実際の色はピンク、という状態になり混乱をまねきます。そのため、クラス名も変更せねばならず、最終的に必要な変更箇所はHTML側のクラス指定、CSS側のクラス定義のクラス名、CSS側のクラス定義のカラーコードの計3か所です。HTML側でそのクラスを使用している箇所が多ければ、もっと多くなるでしょう。

一方でクラス命名時に「button-orange」ではなく「通常のボタンよりも注目させるためのボタン」であることを踏まえ、「button-showy」にしておくことで、あとでボタンの色が変更になっても修正箇所はCSS側のクラス定義のカラーコードだけになります。「注目させる」という役割にフォーカスしたbutton-showyという名前であれば、たとえ見た目に変更があってもボタンの役割が変わらない限りクラス名を変更する必要はないからです。

そして、要素の役割が変わるケースは要素の細かな見た目が変わるケースよりもずっと少ないです。このように、些細なクラスの命名1つからでも徐々にサイトの保守性を上げていくことができます。

最後に、隣り合ったボタン同士がくっつかないように.buttonsの中の.buttonに対してmarginを指定します。スマートフォンでの表示も考慮し、上下左右にとります。

ボタンにマージンを追加

```
.buttons .button {
  margin: 10px;
}
```

以上でヘッダーが完成しました。

ONE POINT

## CSS シングルクラス設計とマルチクラス設計

HTMLに対するCSSのクラスの付け方1つをとっても、さまざまな方法が考えられます。その中でも基本的な考え方の1つである「シングルクラス」と「マルチクラス」について簡単に紹介します。

### シングルクラス

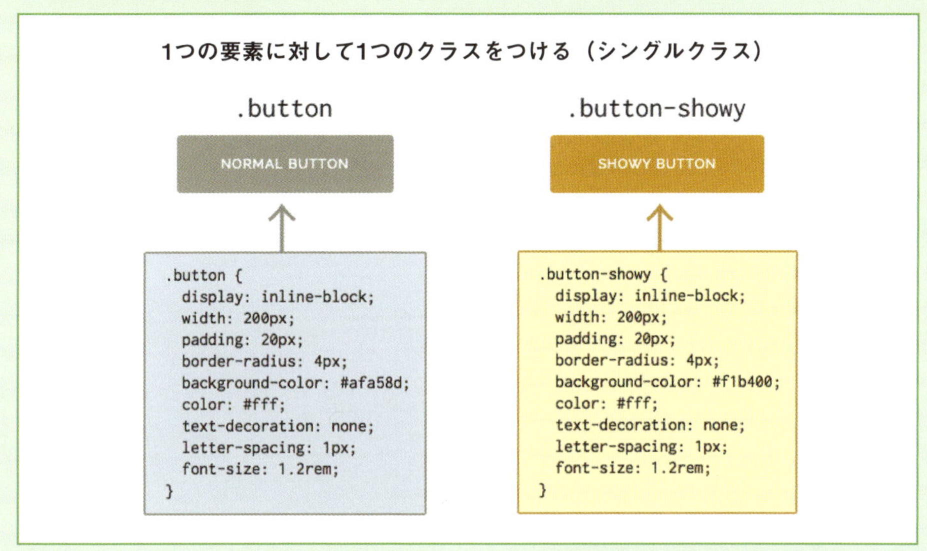


図14.A シングルクラスのイメージ

シングルクラスとは、名前のとおり、1つのスタイルを1つのクラスで表現する方式です。先ほどのボタンの例でいえば、次のようになります（:hoverの定義は省略しています）。

シングルクラスの例

```
.button {
  display: inline-block;
  width: 200px;
  padding: 20px;
  border-radius: 4px;
  background-color: #afa58d;
  color: #fff;
  text-decoration: none;
  letter-spacing: 1px;
  font-size: 1.2rem;
}
```

```
.button-showy {
  display: inline-block;
  width: 200px;
  padding: 20px;
  border-radius: 4px;
  background-color: #f1b400;
  color: #fff;
  text-decoration: none;
  letter-spacing: 1px;
  font-size: 1.2rem;
}
```

シングルクラスの例［HTML］

```
<button class="button">NORMAL BUTTON</button>
<button class="button-showy">SHOWY BUTTON</button>
```

表現したい1つのスタイルセットに対して1つのクラスを定義します。
対して、マルチクラスではこのようになります。

### マルチクラス

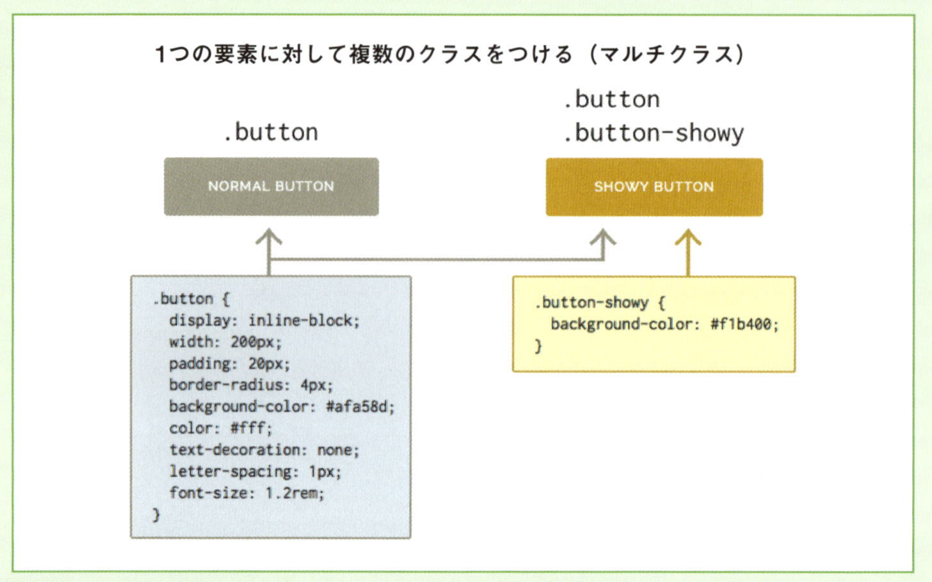


図14.B マルチクラスのイメージ

#### マルチクラスの例

```
.button {
  display: inline-block;
  width: 200px;
  padding: 20px;
  border-radius: 4px;
  background-color: #afa58d;
  color: #fff;
  text-decoration: none;
  letter-spacing: 1px;
  font-size: 1.2rem;
}
```

```
.button-showy {
  background-color: #f1b400;
}
```

#### マルチクラスの例［HTML］

```
<button class="button">NORMAL BUTTON</button>
<button class="button button-showy">SHOWY BUTTON</button>
```

表現したい1つのスタイルセットに対して、必要であれば複数のクラスを組み合わせて表現します。CSSの重複がまとめられ、ずっとシンプルになっています。今回このPARTでもところどころマルチクラス設計を使用しています。しかし、マルチクラス設計にもデメリットはあります。HTMLでのクラス指定が肥大化しやすく、HTML側のソースコードが複雑になってしまうという点です。

ちなみに、SassやLESSなどのCSSプリプロセッサと呼ばれるツールを使用すると、上記の2例を複合した方法がとれるようになります。

### CSSプリプロセッサを使用したシングルクラス

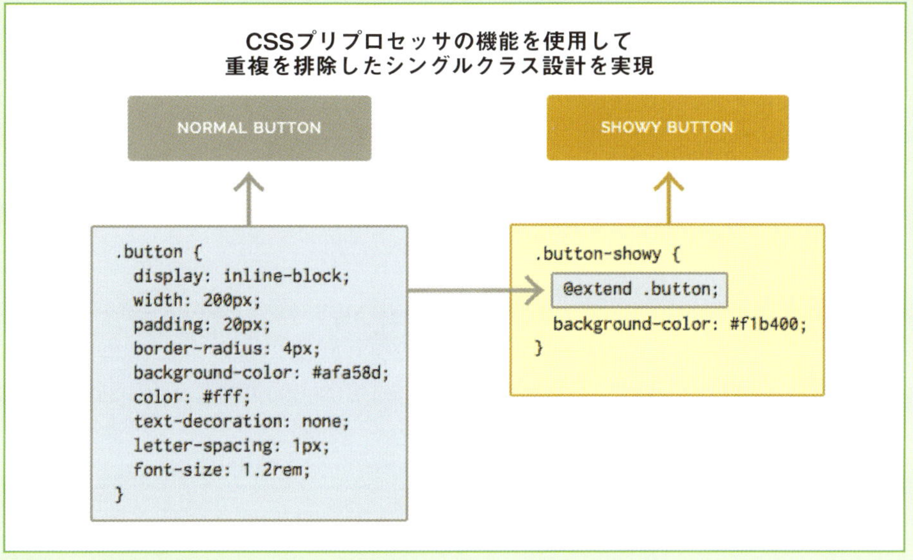


図14.C Sassの SCSS記法を使用したシングルクラスのイメージ

#### Sassの SCSS記法を使用したシングルクラスの例

```
.button {
  display: inline-block;
  width: 200px;
  padding: 20px;
  border-radius: 4px;
  background-color: #afa58d;
  color: #fff;
  text-decoration: none;
  letter-spacing: 1px;
  font-size: 1.2rem;
}
```

```
.button-showy {
  @extend .button;
  background-color: #f1b400;
}
```

#### Sassの SCSS記法を使用したシングルクラスの例 [HTML]

```
<button class="button">NORMAL BUTTON</button>
<button class="button-showy">SHOWY BUTTON</button>
```

.button-showyの定義内にある"@extend .button;"という記述は、「ここに.buttonの定義内容を引き継ぎます」という意味です。これにより、コード上の重複は排除しながらシングルクラスでの構成が実現できます。CSSプリプロセッサについてはPART末尾のコラム(P.228)で紹介しています。

CSS設計は奥が深く、さまざまなアプローチが考案されています。CSSの運用で迷った際には調べてみると面白いでしょう。

Chapter 15

# セクション1（ABOUT ME）のコーディング

**自己紹介のセクションをコーディングしていきます。**

## 要素とサイズの確認

セクション1の要素と構成を確認します。

図15.1 セクション1の要素とサイズ

見出しとテキストのみというシンプルな構成です。大枠となるのはChapter-13「ベースのコーディング」で用意したsection要素です。

**セクション1用のsection要素**

```
<section class="about" id="about">
</section>
```

bodyのスタイルが黒背景＋白文字になっているので、それを打ち消すため.aboutに白背景と文字色を指定します。あわせてpaddingも指定します。

**セクション1のCSS**

```
.about {
  padding: 80px 30px;
  background-color: #fff;
  color: #333;
}
```

外枠が整ったところで、まずは見出しからコーディングしていきましょう。

## 見出しのコーディング

.aboutの中にh2要素で見出しを追加します。

見出しのHTML

```
<section class="about" id="about">
  <h2 class="heading">ABOUT ME</h2>  ——→ 追加
</section>
```

見出しの装飾は下に引かれた2本の線です。borderプロパティにも二重線を表わすdoubleという値がありますが、それを使用すると描画がブラウザ依存になってしまい、線の太さや間隔をコントロールすることが難しいので、今回は自分で二重線を実装したいと思います。

ABOUT ME　border-bottom: 4px double #999;

ABOUT ME　border-bottom: 5px double #999;

ABOUT ME　::before、::afterを使用して表現

図15.2 borderプロパティのdoubleを使用した場合と、自分で実装した場合

まずは線を除いた、文字に対してスタイルを定義します。

見出しのCSS

```
.heading {
  margin: 30px 0 15px;
  letter-spacing: 2px;
  font-size: 4rem;
}
```

Webフォントの形を活かしたシンプルなデザインなのでこれだけでOKです。横方向の中央寄せはbodyに指定したtext-align: center;が引き継がれているので不要です。

続いて、::before、::after擬似要素を使用して二重線を実装します。::before擬似要素と::after擬似要素はほぼ同じスタイルになるのでまとめて指定します。

見出しのCSS［二重線］

```
.heading {
  position: relative;        → 追加
  margin: 30px 0 15px;
  letter-spacing: 2px;
  font-size: 4rem;
}
.heading::before,
.heading::after {
  content: '';
  position: absolute;
  right: 0;
  bottom: 0;                 → 追加
  left: 0;
  border-bottom: 1px solid #999;
}
```

親となる.headingにposition: relative;を指定し、擬似要素はposition: absolute;にして位置指定を有効にします。left: 0;とright: 0;を両方指定することで、擬似要素の左端と右端が.headingの左端と右端にぴったりと合わさり、.headingの横幅いっぱいに表示されます。border-bottomで線を描画し、bottom: 0;で.headingの最下部に配置します。

参照 positionプロパティ➔P.170

このままだと::before擬似要素も::after擬似要素もbottom: 0;で同じ位置になり重なってしまうので、::before擬似要素を5px上にずらします。

見出しのCSS［二重線の位置調整］

```
.heading::before {
  bottom: 5px;
}
```

文字の下に二重線が表示されました。

ABOUT ME

図15.3 現在の二重線

paddingで文字と線の間の余白を追加し、.headingをinline-blockにすることで線が文字幅以上に広がらないようにします。

見出しのCSS［二重線追加後］

```
.heading {
  position: relative;
```

```
  display: inline-block;        → 追加
  margin: 30px 0 15px;
  padding-bottom: 15px;         → 追加
  letter-spacing: 2px;
  font-size: 4rem;
}
```

ABOUT ME

図15.4 見出し完成形

これで見出しが完成しました。

## 自己紹介文のコーディング

次に見出しの下に自己紹介文を配置します。

自己紹介文のHTML

```
<section class="about" id="about">
  <h2 class="heading">ABOUT ME</h2>
  <p class="about-text">
    はじめまして。日本でWebデザイナーをしています。<br>
    デザインの専門学校を卒業し、制作会社での業務経験を経て、➡
現在はフリーランスとして働いています。
  </p>
  <p class="about-text">
    このサイトは「HTML/CSS モダンコーディング」という書籍のサンプル➡
として作られた、架空のWebデザイナーのポートフォリオサイトです。<br>
    このサンプルのようなサイトをいちから作る過程を通して、➡
HTMLとCSSの実践的なコーディングノウハウを学ぶことができます。
  </p>
</section>
```
（p要素2つ：追加）

p要素で文章をマークアップし、CSSで行間とマージンを調整します。.headingはinline-blockなのでマージンの相殺が起こらないことを考慮して.about-textのマージンを指定します。

自己紹介文のCSS

```
.about-text {
  margin: 30px 0;
  line-height: 2.5;
}
```

以上でセクション1が完成しました。

Chapter 16

# セクション2（WORKS）のコーディング

**作品紹介のセクションをコーディングしていきます。**

## 要素とサイズの確認

セクション2の要素と構成を確認します。

図16.1 セクション2の要素とサイズ

見出しの下に、作品紹介として4つの作品が載っています。画像と説明文は上下に互い違いになっています。

まず、HTMLに見出しを追加します。

**見出しの追加**

```
<section class="works">
  <h2 class="heading">WORKS</h2>  ——→ 追加
</section>
```

大枠となる.worksの背景色とpaddingを指定します。

**.worksのCSS**

```
.works {
  background-color: #383634;
  padding: 80px 0;
}
```

それでは、作品紹介部分をコーディングしていきましょう。

## 作品紹介部分のコーディング

作品紹介部分は4つのブロックが横に並ぶ形になっています。横に並ぶレイアウトの実装方法はfloatやinline-blockなどがありますが、ここではdisplay: table;を使用して実装したいと思います。

**ONE POINT**

### display: table;

displayプロパティにはblock、inline、inline-blockの他にも、table、table-cellという値を指定することができます。

display: table;を使用すると、table要素を使用した従来のテーブルレイアウトのようなレイアウトをCSSだけで実現できます。これにより、高さを揃えた横並びのレイアウトや縦方向への中央揃えが簡単に実現できるようになります。使用方法は、横に並べたい要素にdisplay:table-cell;を指定し、その要素を囲む親要素にdisplay: table;を指定します。

**HTML**

```
<div class="parent">
  <div class="child">text1</div>
  <div class="child">text2</div>
  <div class="child">text3</div>
</div>
```

**CSS**

```
.parent {
  display: table;
  width: 100%;
  border: 2px solid red;
}
.child {
  display: table-cell;
  border: 2px solid yellow;
}
```

これだけで、ウィンドウ幅いっぱいに.childが3つ横に並びます。

| text1 | text2 | text3 |
|---|---|---|

図16.A table-cellでの横並び

display: table;を指定した要素はそのままだと子要素ぶんの幅までしか広がらないので、display: block;のように画面いっぱいに広げたい場合はwidth: 100%;を指定するようにしましょう。

display: table-cell; を指定した子要素同士の間隔をあけたい場合は、子要素にmarginを指定するのではなく親要素にborder-collapse: separate; を指定したうえ、border-spacingプロパティに間隔を指定します。値を2つ指定すると上下／左右を別々に指定できます。

**border-spacingプロパティでの間隔調整**

```
.parent {
    display: table;
    width: 100%;
    border: 2px solid red;
    border-collapse: separate;
    border-spacing: 20px 5px;
}
```

（border-collapse: separate; と border-spacing: 20px 5px; → 追加）

text1 text2 text3

図16.B border-spacingプロパティでの間隔調整

display: table; を使用して横並びのボックスをコーディングしていきます。まず、実際に表示される.work-box4つとそれを囲む.works-wrapperを配置します。デザイン上は8つのブロックが並んでいるように見えますが、上下に隣接するブロックは同じコンテンツを指す画像とテキストなので、1つの.work-boxで表現します。

そして、.work-boxの中に画像とテキストとリンクボタンを配置してみましょう。リンク先には仮の値を入れておきます。

**セクション2のHTML**

```
<section class="works">
  <h2 class="heading">WORKS</h2>
  <div class="works-wrapper">
    <div class="work-box">
      <img class="work-image" src="images/tree.jpg" alt="制作事例1">
      <p class="work-text">
        ひとつめの制作事例が入ります。<br>
        簡単な説明が入ります。<br>
        使用ツール：XXX, XXX, XXX<br>
        <a href="#" class="button">READ MORE</a>
      </p>
    </div>
    <div class="work-box">
      <img class="work-image" src="images/building.jpg" alt="制作事例2">
      <p class="work-text">
        ふたつめの制作事例が入ります。<br>
        簡単な説明が入ります。<br>
        使用ツール：XXX, XXX, XXX<br>
        <a href="#" class="button">READ MORE</a>
      </p>
    </div>
```

（<div class="works-wrapper"> 以降 → 追加）

```
      <div class="work-box">
        <img class="work-image" src="images/lake.jpg" alt="制作事例3">
        <p class="work-text">
          みっつめの制作事例が入ります。<br>
          簡単な説明が入ります。<br>
          使用ツール：XXX, XXX, XXX<br>
          <a href="#" class="button">READ MORE</a>
        </p>
      </div>
      <div class="work-box">
        <img class="work-image" src="images/sky.jpg" alt="制作事例4">
        <p class="work-text">
          よっつめの制作事例が入ります。<br>
          簡単な説明が入ります。<br>
          使用ツール：XXX, XXX, XXX<br>
          <a href="#" class="button">READ MORE</a>
        </p>
      </div>
    </div>
  </section>
```

→ 追加

続いて、CSSを記述します。

**.works-wrapperと.work-boxのCSS**

```
.works-wrapper {
  display: table;          → ❶
  width: 100%;             → ❷
  margin-top: 60px;        → ❹
  table-layout: fixed;     → ❸
}
.work-box {
  display: table-cell;     → ❶
}
```

.works-wrapperと.work-boxにそれぞれdisplayプロパティを指定し（❶）、.works-wrapperが横いっぱいに広がるように、width: 100%; を指定します（❷）。

table-layout: fixed; を指定することで（❸）、display: table-cell; を指定した要素の内容物の横幅が異なる場合でも、横幅を均等にすることができます。

**table-layout: auto;（初期値）**

| ああああああああああ | いいいいいいいいいいいいいいいいいいいい | うううううう |
|---|---|---|

**table-layout: fixed;**

| ああああああああああ | いいいいいいいいいいいいいいいい<br>いいいい | うううううう |
|---|---|---|

図16.2 table-layoutプロパティ

PART 0 PART 1 PART 2 PART 3 APPENDIX

.works-wrapperにはあわせて見出しとのマージンも指定します（❹）。これで、4つの.work-boxが同じ幅で横に並ぶようになりました。

図16.3 現時点での表示［4つの.work-boxを同幅で横に並べた］

画像が原寸で表示されているので、.work-boxからはみ出さないように横幅を100%に指定します。また、ここでの画像はブロックレベルの要素として表示したいため、display: block;も追加します。

.work-imageのCSS

```
.work-image {
  display: block;
  width: 100%;
}
```

図16.4 現時点での表示［画像の横幅を調整］

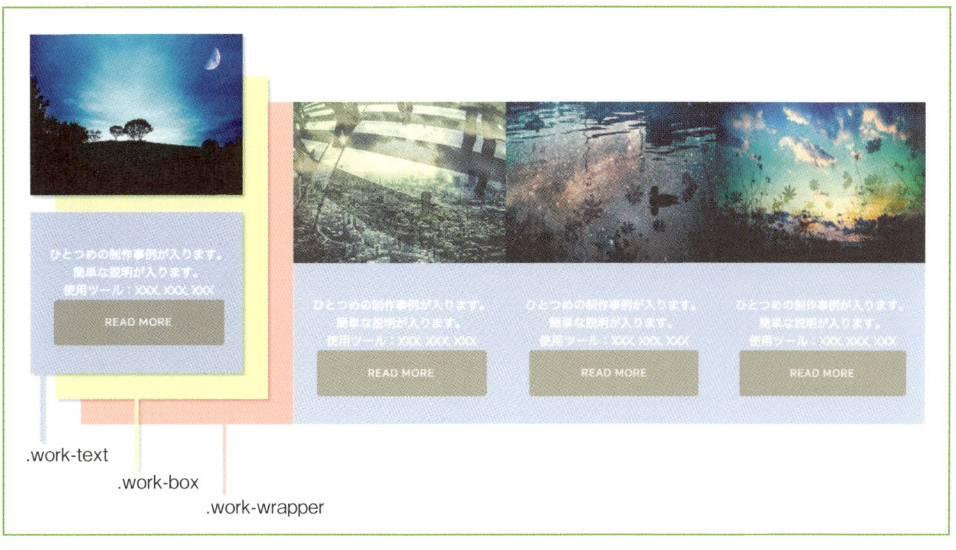


図16.5 要素の図解［現時点での表示］

ウィンドウ幅にあわせて横幅が変動する、綺麗な4カラムになりました。

続いて、中身をコーディングしていきます。デザインでは画像とテキストが上下に互い違いに並んでおり、テキストの背景には上下に反転した画像が薄く敷かれています。まずはその背景画像を表示してみましょう。

上下反転させて色を薄く編集した画像を.work-textの背景に指定してもいいですが、今回はプロパティの解説も兼ねて反転や透過などの編集もCSSで行なってみます。自由度の高い編集を行なえるようにするため、.work-boxの::after擬似要素に画像を表示し、その要素に対してCSSを指定していきます。まずは.work-boxの下半分に::after擬似要素を配置してみましょう。

図16.6 要素の図解［.work-box::after擬似要素の配置位置］

.work-box::after擬似要素のCSS

```
.work-box {
  position: relative;        → 追加 ❶
  display: table-cell;
}
.work-box::after {
  content: '';
  position: absolute;        → ❶
  top: 50%;                  → ❸
  left: 0;
  width: 100%;               ┐
  height: 50%;               ┘→ ❷
}
```

まずは.work-box::after擬似要素をposition: absolute;で配置するために、基準にする.work-boxにposition: relative;を指定します（❶）。

## ONE POINT

### positionプロパティ

positionプロパティで要素の配置の仕方を指定できます。指定できる値は次の4つです。

図の4つ並んだボックスのうち、ピンク色のボックスに対してpositionプロパティや位置指定のプロパティを指定して解説します。「通常の位置」とは、positionプロパティの指定がなかったときに要素が表示される位置です。

#### static（初期値）

positionプロパティの指定がない場合の初期値であり、要素は通常の位置に配置されます。left、right、top、bottomプロパティによる位置指定は無効です（図16.A）。

#### relative

left、right、top、bottomプロパティによる位置指定が有効になります。位置指定をしていない場合、要素は通常の位置に配置されます。位置指定をした場合には通常の位置を基準として位置が指定されます（図16.B・C）。

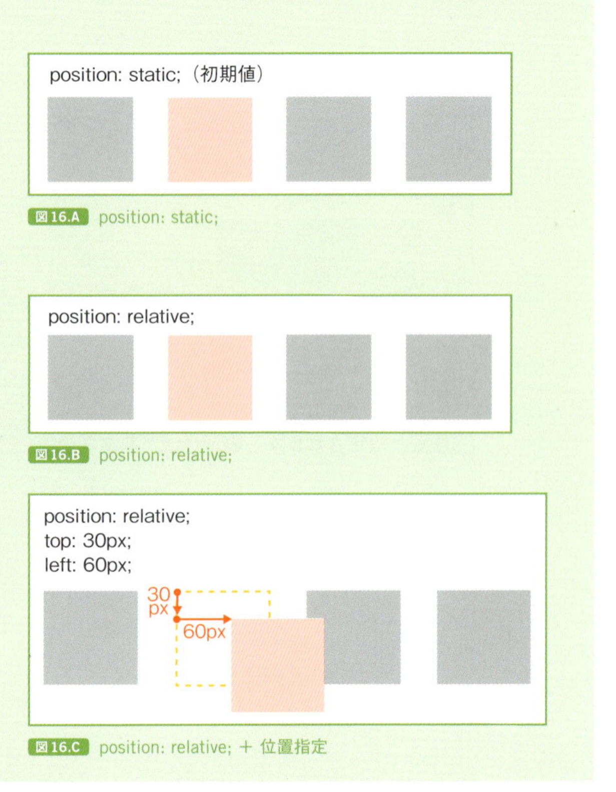


図16.A position: static;

図16.B position: relative;

図16.C position: relative; ＋ 位置指定

### absolute

left、right、top、bottomプロパティによる位置指定が有効になります。位置指定をしていない場合、要素は通常の位置に配置されますが、後続の要素に影響を与えません。図16.Dで要素が3つに見えるのは、position: absolute;を指定したピンク色の要素の下に後続の灰色の要素が入り込み、重なって見えなくなっているためです。

位置指定をした場合には、位置指定が有効な祖先要素を基準として位置が指定されます。「位置指定が有効な祖先要素」とは、対象の要素を包括しており、positionプロパティにstatic以外の値が指定されている要素のことです。そのため、absoluteを使用するとき位置指定の基準にしたい要素にpositionプロパティの指定がない場合は、表示の変わらないposition: relative;を指定して位置指定の基準とします。位置指定が有効な祖先要素がない場合はbody要素が基準になります。

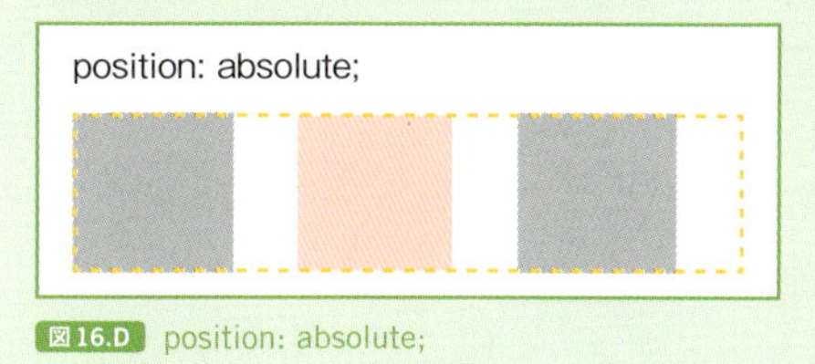


図16.D position: absolute;

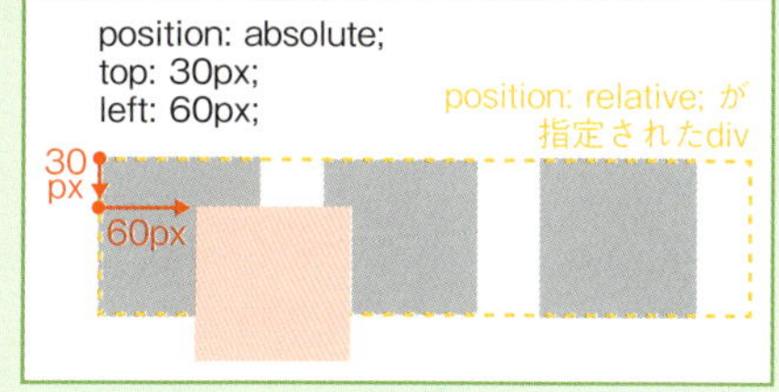


図16.E position: absolute; ＋ 位置指定

### fixed

left、right、top、bottomプロパティによる位置指定が有効になります。fixedを指定した要素は表示領域（ブラウザやスクリーンの画面の領域）に対して位置が決まるので、スクロールされても動きません。位置指定をしていない場合、要素は通常の位置に配置されますが、最初に画面を表示したときに要素が画面の表示領域に入っていなかった場合はスクロールしても上にあがってこないため見えることがありません。

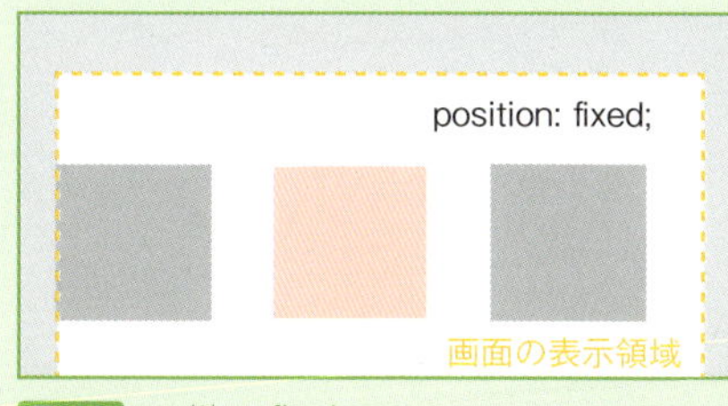


図16.F position: fixed;

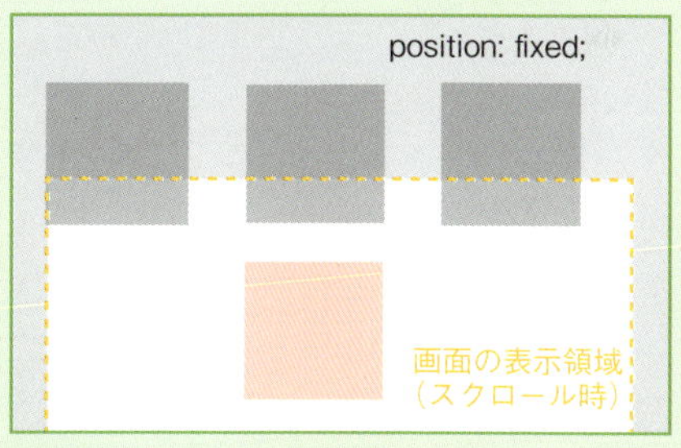


図16.G position: fixed; スクロール時

位置指定をした場合には、現在の表示領域（ブラウザやスクリーンの画面領域）を基準として位置が指定されます。表示領域が基準なので、スクロールしても画面上での位置は変わりません。

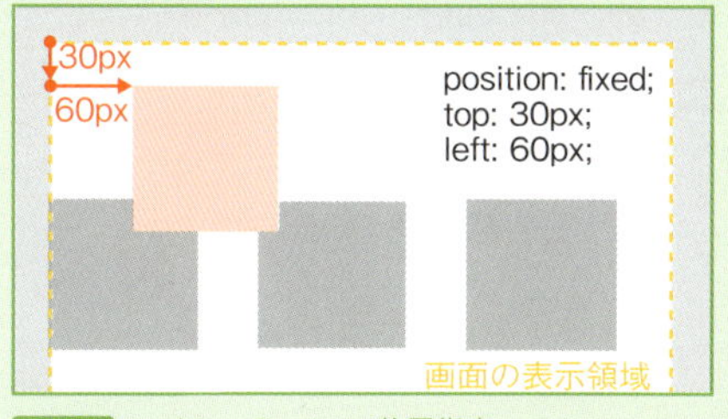


図16.H position: fixed; ＋ 位置指定

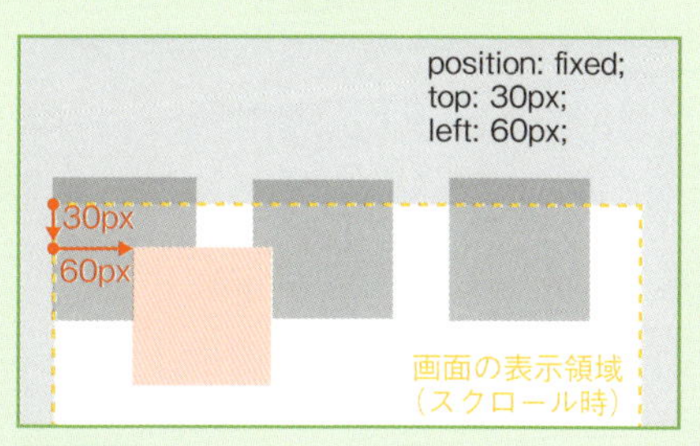


図16.I position: fixed; ＋ 位置指定 スクロール時

position プロパティに absolute か fixed を指定した要素は強制的にブロックレベルの要素になり、display プロパティは block（もしくは元が inline-table であった場合は table）として計算されます。

.work-box::after 擬似要素を width: 100%; と height: 50%; で .work-box の半分の高さのサイズにし（❷）、top: 50%; で自身が下半分に収まるようにします（❸）。::after 擬似要素の display プロパティの初期値は inline ですが、position: absolute; を指定したことで display プロパティが自動的に block になるので display プロパティを変更することなくサイズの変更ができます。

❷で height: 50%; の指定をしていますが、基本的に height プロパティの % 指定が有効になるのは親要素[※1]のスタイルに明示的に height の値が指定されているときだけです。しかし、例外として要素が絶対位置指定されている場合（position プロパティの値が absolute か fixed である場合）には親要素に height プロパティが指定されていなくても height プロパティを % 指定することができます。今回は親である .work-box に height の値が指定されていませんが、.work-box::after 擬似要素の position プロパティが absolute なので height を % 指定することができます。

図解で示した位置に配置することができました。続いて、.work-box::after 擬似要素に背景画像を表示します。

**.work-box::after の CSS**

```
.work-box::after {
  content: '';
  position: absolute;
  top: 50%;
  left: 0;
  width: 100%;
  height: 50%;
  background: url('../images/tree.jpg') no-repeat;  → 追加
  background-size: 100% 100%;  → 追加 ❶
  opacity: 0.2;  → 追加 ❷
  transform: scaleY(-1);  → 追加 ❸
}
```

background-size: 100% 100%; を指定して背景画像の大きさを .work-box::after 擬似要素とぴったり同じサイズにします（❶）。参照 background-size プロパティ ➔ P.144

opacity: 0.2; で半透明にし（❷）、transform プロパティで要素を上下に反転させます（❸）。参照 transform プロパティ ➔ P.76

transform プロパティの scale には拡大・縮小の倍率を指定しますが、値をマイナスにす

---

※1　正確には包含ブロック。包含ブロックは、多くの場合ブロックレベルの親要素もしくは位置指定の基準となる要素を指します。
WEB https://w3g.jp/css/guide/contining_block

ることで画像を反転させることができます。scaleYに-1を与えた場合、縦方向に反転して1倍なので、単なる上下の反転を表現できます。

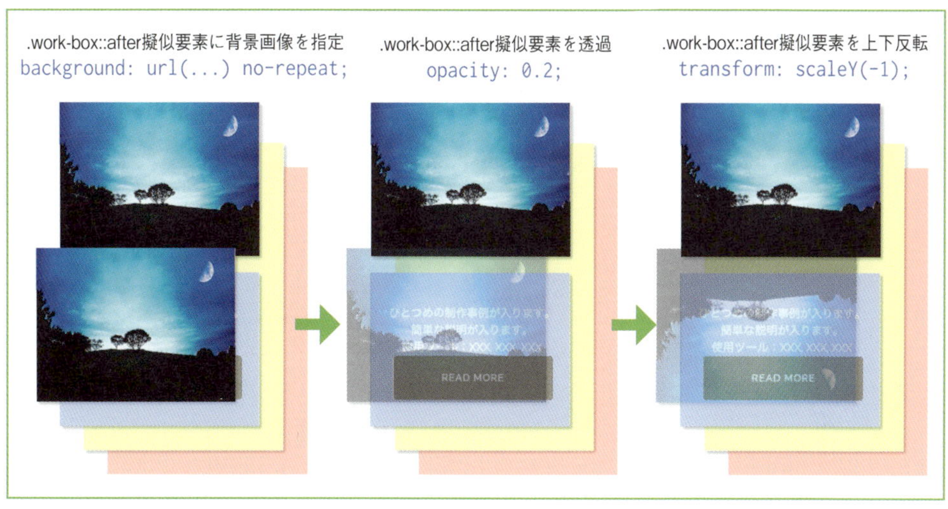


図16.7 要素の図解［背景画像の指定と反転］

これで以下のような表示になりました。

図16.8 現時点での表示［反転した画像がテキストの領域に薄く表示された］

反転した画像がテキストの領域に薄く表示されましたが、高さが足りないようです。テキストとボタンを囲む.work-textの高さが画像の高さよりも低いので、.work-box::after擬似要素をすべて表示するだけの領域が確保されておらず、画像が見きれてしまっています。position: absolute;で配置した要素は他要素に対して影響しないため、.work-box::after擬似要素の大きさで.work-boxの高さを広げることはできません。

テキストの領域として画像と同じサイズの領域を常に確保したいのですが、画像の幅はウィンドウ幅によって動的に変わり、それにあわせて画像の高さも変わるため、高さを単一の値で指定することができません。

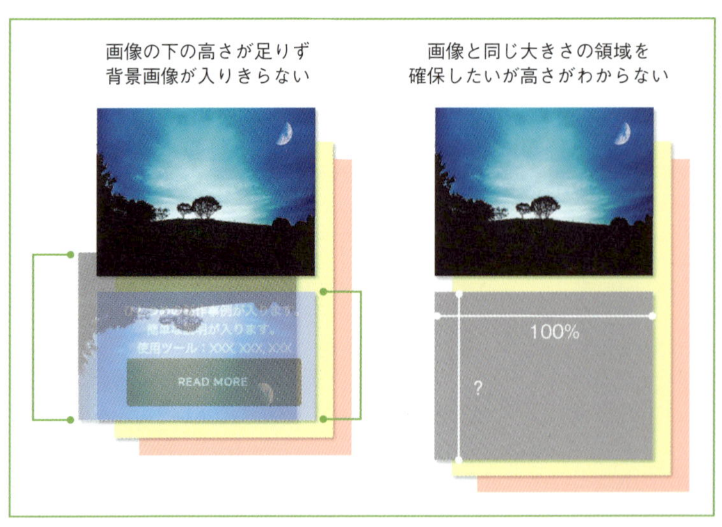


図16.9 高さがわからないので指定できない

このような場合には、確保したい領域の大きさではなく縦横比に注目するとうまくコーディングすることができます。

今回使用している画像は横幅500px、縦幅300pxなので、5：3の比率です。ウィンドウ幅にあわせて画像が拡大縮小しても、この縦横の比率は変わりません。ということは、画像の横幅を100%としたとき高さは横幅の60%になります。

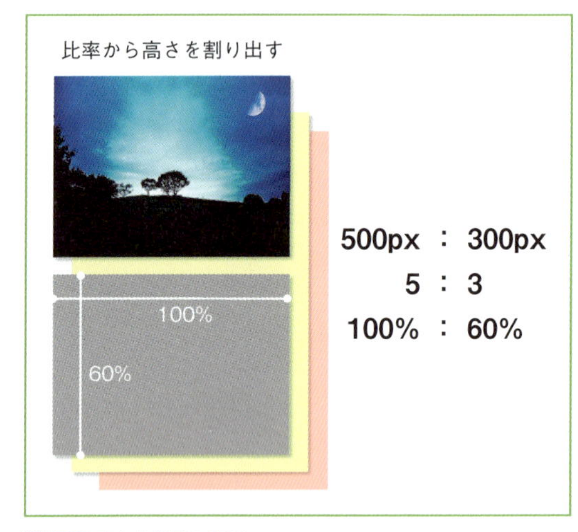


図16.10 高さは横幅の60%

しかし、height: 60%; と指定してもheightプロパティは親要素の横幅ではなく縦幅を%指定の基準にするので、うまくいきません。親要素の横幅を基準にして縦幅を%指定できるプロパティを使用する必要があります。

marginとpaddingは%指定した場合、親要素の横幅を100%の基準にします。これは左右だけではなく上下でも同様です。そのため、画像の下方向のmarginに60%を指定すれば、画像の下に横幅の60%の高さの領域が確保され、画像と同じサイズのスペースを確保することができます。

.work-imageのCSS

```
.work-image {
  display: block;
  width: 100%;
```

```
  margin: 0 0 60%; ──────→ 追加
}
```

図16.11 marginで領域を確保する

下方向のmarginで画像と同じ大きさの領域を確保したので、.work-box::after擬似要素がはみ出ることはなくなりました。その代わり、画像の下にあった.work-textがmarginによって下に押し出されてしまうので、.work-textもposition: absolute;を使用して配置する必要があります。

position: absolute;を.work-textに直接指定してもよいところですが、テキストはテキストの領域に対して上下左右の中央寄せにしたいため、テキストになる要素とテキスト表示領域の枠となる要素を分けておきます。テキスト表示領域の枠となる要素を.work-descriptionとして追加します。

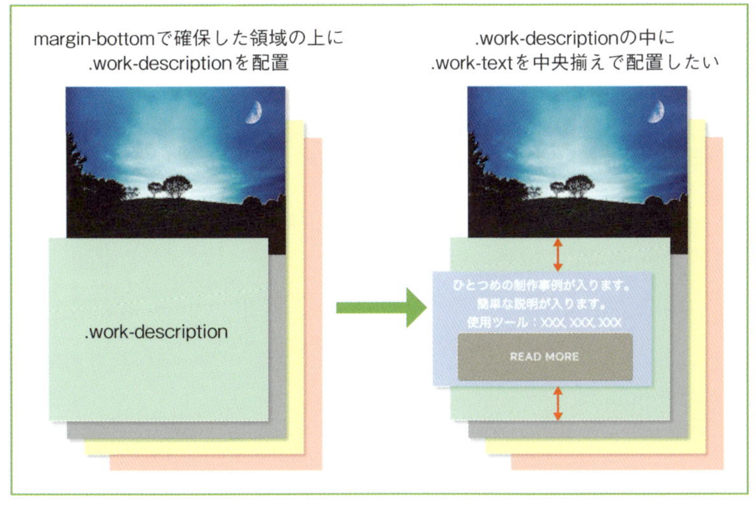


図16.12 .work-descriptionを追加する

.work-descriptionの追加

```
<section class="works">
  <h2 class="heading">WORKS</h2>
  <div class="works-wrapper">
    <div class="work-box">
      <img class="work-image" src="images/tree.jpg" alt="制作事例1">
      <div class="work-description"> ──→ 追加
        <p class="work-text">
          ひとつめの制作事例が入ります。<br>
          簡単な説明が入ります。<br>
          使用ツール：XXX, XXX, XXX<br>
          <a href="#" class="button">READ MORE</a>
        </p>
      </div> ──→ 追加
    </div>
    …省略…
  </div>
</section>
```

.work-descriptionのCSS

```
.work-description {
  position: absolute;  ┐
  top: 50%;            ┘──→ ❷
  left: 0;
  width: 100%;         ┐
  height: 50%;         ┘──→ ❶
}
```

背景画像を指定した.work-box::after擬似要素と同様に、.work-descriptionも親要素の半分の高さのサイズにし（❶）、top: 50%;で上半分にすき間をとって.work-boxの下半分に配置します（❷）。

図16.13 現時点での表示［margin-bottom領域、.work-box::after擬似要素、.work-descriptionが重なった］

margin-bottomの領域と.work-box::after擬似要素と.work-descriptionが重なりました。続いて、.work-textを.work-descriptionの中央に配置します。このPARTではdisplay: table;を使用した縦方向の中央寄せを実践したいため、ここでもdisplay: table;とdisplay: table-cell;を使用して行ないます。

display: table;を指定するための要素を追加して、.work-textを中央寄せにします。

**中央寄せのための要素を追加**

```
<section class="works">
  <h2 class="heading">WORKS</h2>
  <div class="works-wrapper">
    <div class="work-box">
      <img class="work-image" src="images/tree.jpg" alt="制作事例1">
      <div class="work-description">
        <div class="work-description-inner"> ――→ 追加
          <p class="work-text">
            ひとつめの制作事例が入ります。<br>
            簡単な説明が入ります。<br>
            使用ツール：XXX, XXX, XXX<br>
            <a href="#" class="button">READ MORE</a>
          </p>
        </div> ――→ 追加
      </div>
    </div>
    …省略…
  </div>
</section>
```

**.work-description-innerと.work-textのCSS**

```
.work-description-inner {
  display: table;
  width: 100%;
  height: 100%;
  padding: 20px;
}
.work-text {
  display: table-cell;     ┐
  vertical-align: middle;  ┘――→ ❶
}
```

PART 0
PART 1
PART 2
PART 3
APPENDIX

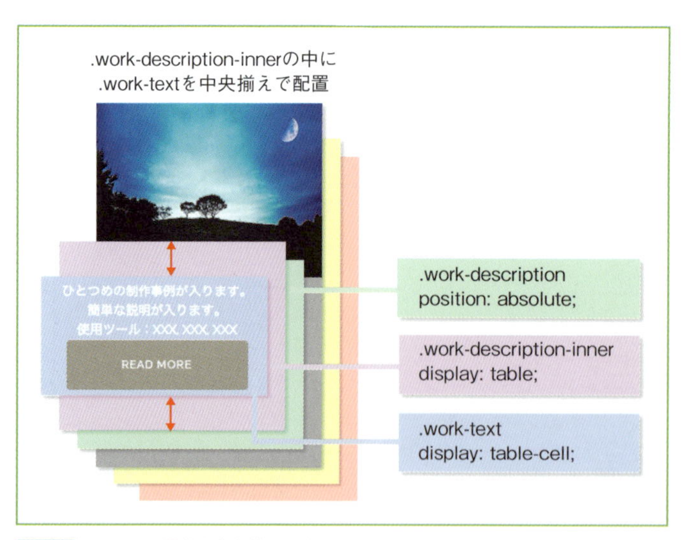


図16.14 .work-text要素を中央揃えにする

display: table-cell;を指定した要素にvertical-align: middle;を指定することで、縦方向の中央寄せにできます（❶）。参照 vertical-alignプロパティ➔P.74

テキストが綺麗に背景の中央に収まりました。

図16.15 現時点での表示［テキストが背景の中央に収まった］

.work-textの中のテキストとボタンのスタイルを調整していきます。フォントサイズと行間を調整し、ボタンのサイズを小さくしましょう。

.work-textと.buttonのCSS

```
.work-text {
  display: table-cell;
  vertical-align: middle;
  font-size: 1.2rem;
  line-height: 2;
}
```
（font-size、line-heightの2行：追加）

```
.work-text .button {
  width: 60%;
  margin-top: 20px;
  padding: 3px;
}
```
→ 追加

図16.16 現時点での表示［ボタンのサイズを調整］

ボタンはゴーストボタンにします。背景が透明か半透明で、枠線と文字のみが浮き上がっているように見えるボタンのことをゴーストボタンと呼びます。ヘッダーの章で作成した.button-showyの定義と同様にゴーストボタン用のクラスを作成し、HTMLに追加します。

**ゴーストボタンのCSS**

```
.button-ghost {
  border: 1px solid #fff;
  background-color: rgba(255, 255, 255, 0.15);
}
```

**ゴーストボタン用のクラスを追加**

```
<section class="works">
  <h2 class="heading">WORKS</h2>
  <div class="works-wrapper">
    <div class="work-box">
      <img class="work-image" src="images/tree.jpg" alt="制作事例1">
      <div class="work-description">
        <div class="work-description-inner">
          <p class="work-text">
            ひとつめの制作事例が入ります。<br>
            簡単な説明が入ります。<br>
```

```
            使用ツール：XXX, XXX, XXX<br>
            <a href="#" class="button button-ghost">READ MORE</a> ──→ クラス追加
          </p>
        </div>
      </div>
    </div>
    …省略…
  </div>
</section>
```

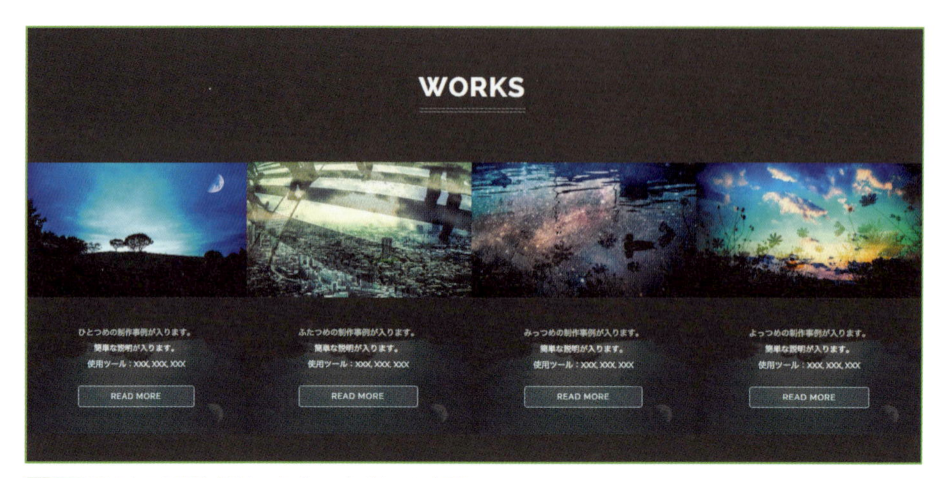


図16.17 現時点での表示［ボタンをゴーストボタンに変更］

テキストとボタンのコーディングが完了しました。

配置が整ったので、ブロックごとにテキスト領域の背景画像を変えてみましょう。各ブロックをCSS側から判別できるように、1つずつ個別のクラスをふります。

**背景画像用のクラスの追加**

```
<section class="works">
  <h2 class="heading">WORKS</h2>
  <div class="works-wrapper">
    <div class="work-box tree"> ──────→ クラス追加
      <img class="work-image" src="images/tree.jpg" alt="制作事例1">
      <div class="work-description">
        <div class="work-description-inner">
          <p class="work-text">
            ひとつめの制作事例が入ります。<br>
            簡単な説明が入ります。<br>
            使用ツール：XXX, XXX, XXX<br>
            <a href="#" class="button button-ghost">READ MORE</a>
          </p>
        </div>
      </div>
    </div>
    <div class="work-box building"> ─────→ クラス追加
      <img class="work-image" src="images/building.jpg" alt="制作事例2">
```

```
      <div class="work-description">
        <div class="work-description-inner">
          <p class="work-text">
            ふたつめの制作事例が入ります。<br>
            簡単な説明が入ります。<br>
            使用ツール：XXX, XXX, XXX<br>
            <a href="#" class="button button-ghost">READ MORE</a>
          </p>
        </div>
      </div>
    </div>
    <div class="work-box lake"> ――――→ クラス追加
      <img class="work-image" src="images/lake.jpg" alt="制作事例3">
      <div class="work-description">
        <div class="work-description-inner">
          <p class="work-text">
            みっつめの制作事例が入ります。<br>
            簡単な説明が入ります。<br>
            使用ツール：XXX, XXX, XXX<br>
            <a href="#" class="button button-ghost">READ MORE</a>
          </p>
        </div>
      </div>
    </div>
    <div class="work-box sky"> ――――→ クラス追加
      <img class="work-image" src="images/sky.jpg" alt="制作事例4">
      <div class="work-description">
        <div class="work-description-inner">
          <p class="work-text">
            よっつめの制作事例が入ります。<br>
            簡単な説明が入ります。<br>
            使用ツール：XXX, XXX, XXX<br>
            <a href="#" class="button button-ghost">READ MORE</a>
          </p>
        </div>
      </div>
    </div>
  </div>
</section>
```

CSS側では.work-box::after擬似要素からbackgroundプロパティ内のurl指定を外し、先ほど個別につけたクラスに対してbackground-imageを指定します。

**背景画像のCSS**

```
.work-box::after {
  content: '';
  position: absolute;
  top: 50%;
  left: 0;
  width: 100%;
  height: 50%;
```

```
  background: no-repeat; ——→ URL指定削除
  background-size: 100% 100%;
  opacity: 0.2;
  transform: scaleY(-1);
}
.work-box.tree::after {
  background-image: url('../images/tree.jpg');
}
.work-box.building::after {
  background-image: url('../images/building.jpg');
}
.work-box.lake::after {
  background-image: url('../images/lake.jpg');
}
.work-box.sky::after {
  background-image: url('../images/sky.jpg');
}
```

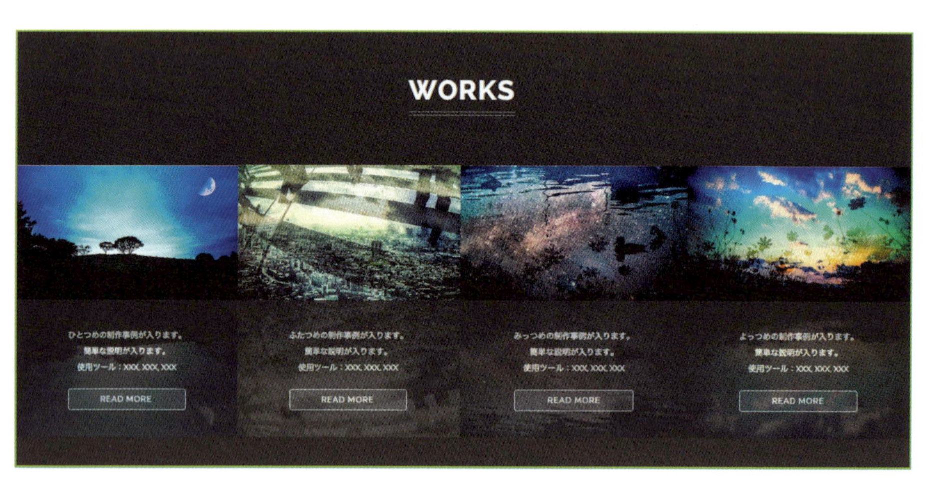


図16.18 現時点での表示［テキストの背景画像をブロックごとに変更］

最後に、デザインどおりに画像とテキストを互い違いにします。

左から数えて1番目と3番目の要素はテキストが上、画像が下になるので、奇数番目の要素に対してスタイルの上書きを行ないます。奇数番目の子要素は:nth-child(odd)で指定できます。ちなみに、偶数番目の場合は:nth-child(even)になります。

参照 nth-of-typeとnth-child擬似クラス➔P.61

上下を入れ替えるCSS

```
.work-box:nth-child(odd) .work-image {
  margin: 60% 0 0; ——→ ❶
}
.work-box:nth-child(odd) .work-description,
.work-box:nth-child(odd)::after {
  top: 0; ——→ ❷
}
```

奇数番目の.work-boxの中の.work-imageに指定していた下方向のmarginを0にし、上方向に指定し直します（❶）。それに従い、テキスト表示領域となる.work-descriptionとテキストの背景になる.work-box::after擬似要素も上寄せにします（❷）。

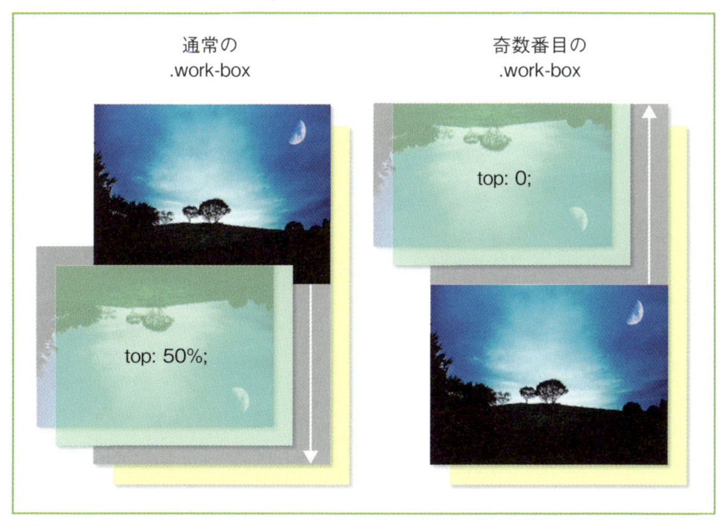


図16.19 上下の入れ替え

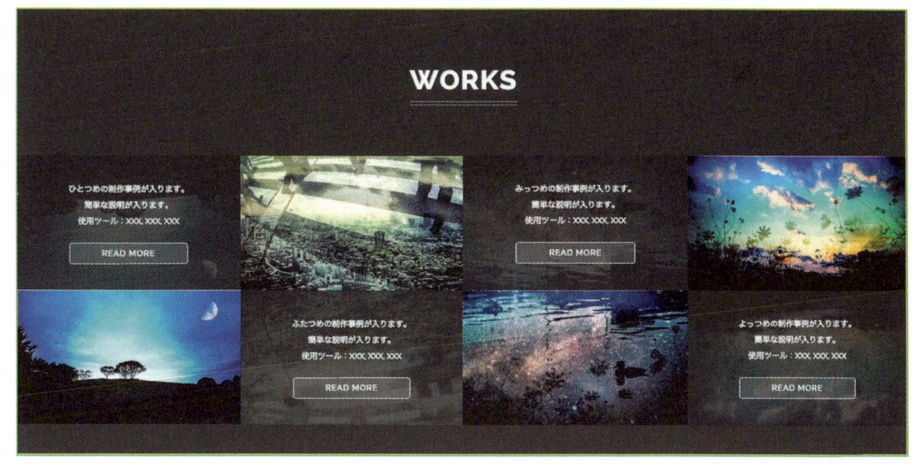


図16.20 現時点での表示［画像とテキストを互い違いに配置］

これでおおよそのレイアウトができあがりました。残りは細部です。

現在は.work-descriptionの上に.work-box::after擬似要素が重なっているので、テキストやボタンの上に背景画像が重なっていてクリックなどの操作が効かない状態です。.work-descriptionが上になるように重ね順を変更します。

**重ね順を変更**

```
.work-description {
  position: absolute;
  top: 50%;
```

```
  left: 0;
  z-index: 1;  ──→ 追加
  width: 100%;
  height: 50%;
}
```



ONE POINT

### z-indexプロパティ

z-indexプロパティでは要素の重ね順を指定できます。このプロパティは位置指定された要素、つまりpositionプロパティの値が初期値のstatic以外である要素に対してのみ有効です。参照 positionプロパティ→P.170
値には初期値であるautoか、整数値を指定します。有効な整数値の範囲は-2147483647〜2147483647の間で、値が大きいほど手前に配置されます。

通常、複数の要素が重なった場合には後に書いた要素が手前に表示されます。

図16.A 後に書いた要素が手前になる

```
<div class="red"></div>
<div class="blue"></div>
```

```
.red {
    position: absolute;
    background: red;
}
.blue {
    position: absolute;
    left: 30px;
    top: 30px;
    background: blue;
}
```

z-indexを使用すると、要素の重ね順を明示的に指定することができます。

```
.red {
    position: absolute;
    background: red;
    z-index: 1;  ──→ 追加
}
.blue {
    position: absolute;
    left: 30px;
    top: 30px;
    background: blue;
}
```

.blueはz-indexを指定していないので値は初期値のautoになり、重ね順は0を指定した場合と同じです。.redのz-indexはそれよりも大きい1なので、.blueの上に表示されます。

図16.B z-indexの値が大きい要素が手前になる

最後に、テキストが増えたりウィンドウ幅が狭まったりしてテキストのエリアにテキストが入りきらなくなった場合もスクロールして続きを見ることができるようにoverflow-yプロパティを指定しておきます。値をautoにすることで、スクロールする必要がある場合のみスクロールバーを表示できます。参照 overflowプロパティ→P.59

図16.21 画面幅が狭い場合の表示

### WORKSのCSS

```
.work-description {
  position: absolute;
  top: 50%;
  left: 0;
  z-index: 1;
  width: 100%;
  height: 50%;
  overflow-y: auto;  → 追加
}
```

これでセクション2の表示が完成しました。

Chapter 17

# セクション3（MY SKILLS）のコーディング

**自分のスキルを紹介するセクションをコーディングしていきます。**

## 要素とサイズの確認

セクション3の要素と構成を確認します。

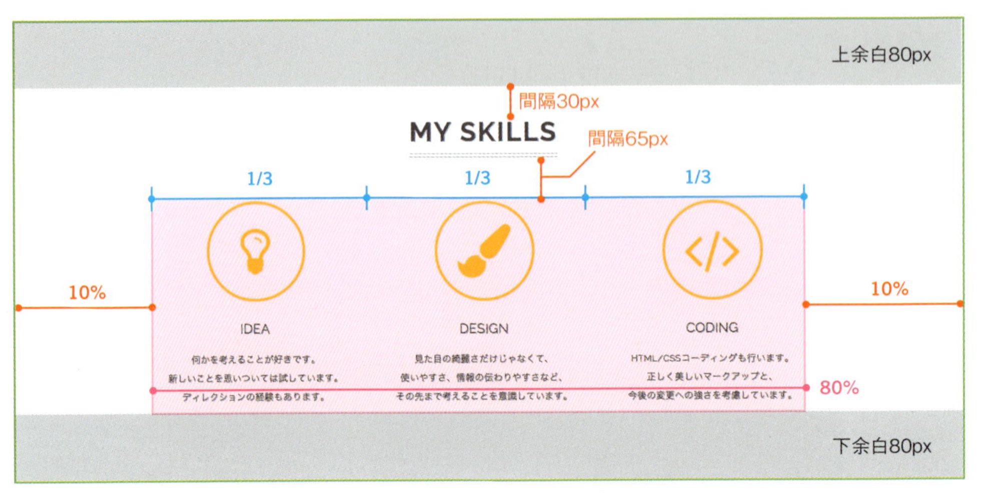


図17.1 セクション3の要素とサイズ

見出しの下に、アイコンとそれぞれの説明が3つ横に並んでいます。大きなアイコンとテキストの組み合わせが並ぶパターンはシングルページレイアウトのサイトに非常によく見られるパターンです。

まず大枠に背景色、文字色、余白を指定します。

**セクション3のCSS**

```
.skills {
  padding: 80px 0;
  background-color: #fff;
  color: #333;
}
```

HTMLに見出しを追加します。

**見出しの追加**

```
<section class="skills">
  <h2 class="heading">MY SKILLS</h2>  ───→ 追加
</section>
```

ここから中身をコーディングしていきましょう。

## スキル紹介部分のコーディング

このセクションも前章のセクションと同様に等間隔の横並びなので、display: table; を使用するために、親要素になる .skills-wrapper と子要素になる .skill-box を配置します。子要素の中にはタイトル用の要素とテキスト用の要素を配置します。

スキル紹介部分のHTML

```
<section class="skills">
  <h2 class="heading">MY SKILLS</h2>
  <div class="skills-wrapper">
    <div class="skill-box">
      <div class="skill-title">IDEA</div>
      <p class="skill-text">
        何かを考えることが好きです。<br>
        新しいことを思いついては試しています。<br>
        ディレクションの経験もあります。
      </p>
    </div>
    <div class="skill-box">
      <div class="skill-title">DESIGN</div>
      <p class="skill-text">
        見た目の綺麗さだけじゃなくて、<br>
        使いやすさ、情報の伝わりやすさなど、<br>
        その先まで考えることを意識しています。
      </p>
    </div>
    <div class="skill-box">
      <div class="skill-title">CODING</div>
      <p class="skill-text">
        HTML/CSSコーディングも行います。<br>
        正しく美しいマークアップと、<br>
        今後の変更への強さを考慮しています。
      </p>
    </div>
  </div>
</section>
```

→ 追加

まず親要素と子要素にスタイルを指定します。

スキル紹介部分のCSS

```
.skills-wrapper {
  display: table;
  width: 80%;                 → ❶
  margin: 50px auto 0;        → ❷
  table-layout: fixed;
}
.skill-box {
```

PART 0　PART 1　PART 2　PART 3　APPENDIX

```
  display: table-cell;
}
```

.skills-wrapper横幅と左右の間隔はウィンドウの横幅に応じて伸縮させたいので、widthを80%に指定します（❶）。左右のmarginをautoにすることで、.skills-wrapperが親要素に対して中央寄せになります（❷）。等間隔の横並びは、前章でも行なったとおり、親要素にdisplay: table; とtable-layout: fixed; を指定し、子要素にdisplay: table-cell; を指定するだけで表現できます。

続いて、中身のコーディングを行なっていきましょう。まずは黄色い円に囲まれたアイコンからです。アイコンには画像ではなく、アイコンフォントを使用してみましょう。

## アイコンフォントを使用する

### アイコンフォントとは

Webページの中でアイコンを表示する際に、画像ではなくアイコンフォントを使用するケースが増えています。アイコンフォントとは、英数字やひらがな、漢字などの文字ではなく、いろいろなアイコンのイメージで構成されたフォントです。

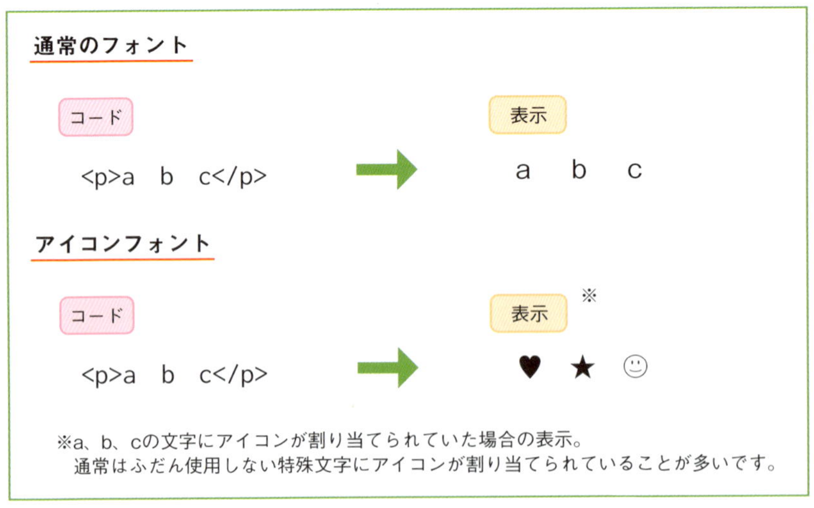


図17.2 アイコンフォントのイメージ

### メリットとデメリット

画像ではなくアイコンフォントを使用するメリットをいくつか紹介します。

#### 色や大きさをCSSで変更できる

アイコンフォントは画像ではなくフォントなので、通常の文字と同じように扱うことができます。文字の色や大きさをCSSで変更できるように、アイコンフォントで表示したアイコンもCSSのcolorプロパティやfont-sizeプロパティで自由にコーディングできます。

アイコンの色を変えたくなったときにも画像を編集する必要はなく、CSSのカラーコードの変更だけで済むので、画像を編集する手間が大幅に省けます。

### 拡大しても劣化しない

アイコンフォントはベクターファイルなので、どれだけ大きく表示してもギザギザとしたジャギーが出ることなく綺麗に表示できます。Webページを拡大した際にJPEGやGIFなどの画像は粗く表示されますが、テキストはどこまで拡大しても綺麗なままであるのと同様です。ベクターファイルであることにより表示サイズが固定されないほか、高解像度のデバイスで表示した際にも綺麗に表示できるというメリットも非常に大きいです。

昨今、スマートフォンの普及に伴いWebページを閲覧する際のデバイスの解像度は多様化、複雑化しています。iPhoneのRetinaディスプレイに代表される高解像度ディスプレイで画像を綺麗に表示するためには、実際に表示するサイズの倍のサイズで画像を作成しておき1/2のサイズで表示するなどの手法がとられていますが、アイコンフォントを使用するとそのような工夫が不要になります。

### 1つのファイルで多数のアイコンを使用できる

パフォーマンス面でのメリットです。複数のアイコンを画像で表示する場合は画像ファイル1つごとに1回のリクエストが発生するため、アイコンを10個使用する場合はサーバーへのリクエストが10回発生します。一方、アイコンフォントであれば1つのフォントファイルの中にそのフォントのすべてのアイコンが含まれているため、リクエストは1度で済みます。

他にも画像のリクエスト数を削減する手法としてCSSスプライト（複数の画像を結合して1つの画像にし、CSSでずらして表示する手法）がありますが、CSSの調整や画像の修正ごとに結合が必要になるため、アイコンフォントを使用するよりも作業コストが高くなりがちです。

もちろんメリットばかりではなく、

- 既存のアイコンフォントを使用する場合はアイコンの見た目をカスタマイズすることが難しい
- アイコンを1、2個しか使用しない場合でもアイコンフォントファイル全体の読み込みが必要なので、画像よりも重くなる場合もある

などのデメリットもあわせて考慮する必要があります。特にビジュアルにこだわりのあるサイトデザインの場合、1つ1つのアイコンも全体のビジュアルデザインの中に含まれています。そのような場合はデザイン実装前のプロトタイプのみ既存のアイコンフォントを使用する、もしくはアイコンフォントを使用せずデザインデータから書き出した画像を使用したほうが早い場合もありますので、アイコンは必ずフォント、ではなく選択肢の1つとして覚えておくとよいでしょう。

今回はWebアイコンフォントの中では定番のFont Awesome（フォントオーサム）を使用します。

- **Font Awesome**
  http://fortawesome.github.io/Font-Awesome/

ONE POINT

**SVG**

前述したアイコンフォントのメリットのうち、「拡大しても劣化しない」については、アイコンフォントを使用しない場合でもアイコン画像をSVGというベクター形式のファイルとして作成することで同様のメリットが受けられます。

ベクター形式のファイルは前述の理由でデバイスの多様化する昨今の開発と相性がよく、使用されるケースが増えています。SVGファイルの詳細については以下の記事などを参考にしてください。

- **本気で使いこなす「SVG」再入門**（ASCII.jp Web Professional）
  http://ascii.jp/elem/000/000/996/996503/

## アイコンフォントの使い方

まずは使用するアイコンフォントファイルの読み込みが必要です。Font Awesomeの場合、次の2種類の方法があります。

- 使用するファイルを手元に置かず、外部の配布用サーバー（CDN）にあるファイルを参照する
- 手元にダウンロードして使用する

今回はCDNを利用します。CDNで提供されているCSSファイルを使用する場合、必要な作業はそのCSSファイルをindex.htmlのhead要素の中で読み込むことだけです。

**Font Awesomeの読み込み**

```
<head>
  <meta charset="UTF-8">
  <title>シングルページレイアウト</title>
  <link rel="stylesheet" href="http://fonts.googleapis.com/
css?family=Raleway:700,400">
  <link rel="stylesheet" href="http://maxcdn.bootstrapcdn.com/➡
font-awesome/4.3.0/css/font-awesome.min.css"> ――→ 追加
  <link rel="stylesheet" href="css/normalize.css">
  <link rel="stylesheet" href="css/style.css">
</head>
```

Font AwesomeのCSSを読み込むコードをheadタグの中に貼り付けました。フォントファイルは、このCSSの中で読み込まれています。

これでFont Awesomeのアイコンフォントが使用できるようになりました。実際に使用する場合は、HTML要素にアイコンフォント表示用のクラスをつけます。

Font Awesome 使用例

```
<i class="fa fa-star"></i>
```

"fa" はFont Awesomeを使用する際のベースとなるクラスです。アイコンフォントを使用したい要素にはこのクラスの指定が必要です。アイコンはfaクラスの::before擬似要素として表示されます。

続く "fa-star" はどのアイコンを表示するかを指定するクラスです。fa-starであれば星のアイコンが表示されます。使用できるアイコンの一覧はFont Awesomeの公式サイト内のiconsページ（http://fortawesome.github.io/Font-Awesome/icons/）を参照してください。

図17.3 Font Awesome使用例

ONE POINT

**アイコン＝i要素？**

アイコン用に要素を配置する場合、どの要素を使用すればよいのでしょうか？　HTML5の仕様には、「アイコンを表わすときはこの要素」といった決まりはありません。要素の定義と矛盾しない範囲であればどの要素を使用してもかまいません。

ただ、実際にはFont Awesomeのサンプルコードにもあるようにi要素を使用するケースがよく見られます。たしかに一貫してそのような文脈で使用されていれば、spanなどの一般的な要素を使用するよりも直感的です。しかし、i要素のiは元々Italic（斜体）の略で、HTML4では囲んだ文字を斜体にするために使用されていた要素です。HTML5では意味が変わり「他のテキストとは異なる意味を持つことを表わす」という定義になっています。このPARTの実装ではFont Awesomeのサンプルコードにならってi要素を使用していますが、「i要素はアイコンを表わすためにある要素ではない」ということは押さえておきましょう。

## アイコン部分のコーディング

サイトのコーディングに戻ります。HTMLの中にFont Awesomeのクラスをつけたアイコン用のi要素を追加します。

アイコン部分のHTMLを追加

```
<section class="skills">
  <h2 class="heading">MY SKILLS</h2>
  <div class="skills-wrapper">
    <div class="skill-box">
      <i class="skill-icon fa fa-lightbulb-o"></i>  ← 追加
      <div class="skill-title">IDEA</div>
      <p class="skill-text">
        何かを考えることが好きです。<br>
        新しいことを思いついては試しています。<br>
        ディレクションの経験もあります。
```

```
        </p>
      </div>
      <div class="skill-box">
        <i class="skill-icon fa fa-paint-brush"></i>  → 追加
        <div class="skill-title">DESIGN</div>
        <p class="skill-text">
          見た目の綺麗さだけじゃなくて、<br>
          使いやすさ、情報の伝わりやすさなど、<br>
          その先まで考えることを意識しています。
        </p>
      </div>
      <div class="skill-box">
        <i class="skill-icon fa fa-code"></i>  → 追加
        <div class="skill-title">CODING</div>
        <p class="skill-text">
          HTML/CSSコーディングも行います。<br>
          正しく美しいマークアップと、<br>
          今後の変更への強さを考慮しています。
        </p>
      </div>
    </div>
  </section>
```

MY SKILLS

IDEA
何かを考えることが好きです。
新しいことを思いついては試しています。
ディレクションの経験もあります。

DESIGN
見た目の綺麗さだけじゃなくて、
使いやすさ、情報の伝わりやすさなど、
その先まで考えることを意識しています。

CODING
HTML/CSSコーディングも行います。
正しく美しいマークアップと、
今後の変更への強さを考慮しています。

図17.4 現時点での表示［アイコンが表示された］

アイコンが表示されました。ここからCSSで表示をデザインに近づけていきましょう。

**アイコン部分のCSS**

```
.skill-icon {
  width: 150px;            → ❶
  height: 150px;           → ❶
  margin-bottom: 30px;     → ❹
  border: 4px solid;       → ❸
  border-radius: 50%;      → ❺
  color: #f1b400;          → ❸
  font-size: 8rem;         → ❷
  line-height: 142px;      → ❻
}
```

widthとheightで外枠のサイズを指定します（❶）。i要素のdisplayプロパティの初期値はinlineですが、Font AwesomeのCSSにより.faのdisplayプロパティにinline-blockが指定されているので、サイズの指定をすることができます。

参照 ブロックレベル要素とインライン要素➔P.50

中のアイコンはアイコンフォントなのでwidthやheightではなくfont-sizeプロパティで大きさを指定します（❷）。

黄色い枠線はborderで表示しますが、枠線とアイコンは同じ色なので、別々に指定せずまとめて1度の色指定で済むようにしてみます。アイコンの色をcolorプロパティに指定し、borderプロパティの中では色の指定を省略することでそれが実現できます（❸）。borderプロパティの色指定（border-color）が省略された場合、border-colorの値は初期値であるcurrentColorという値になります。currentColorとは、「その要素のcolorプロパティの値」を表わすキーワードです。そのため、先ほどcolorプロパティに指定した色が枠線の描画にも使用されることになります。

margin-bottomで下のテキストとの間をとり（❹）、border-radius: 50%;で丸形にします（❺）。border-radiusは角丸の半径を指定するので、全体の半分のサイズを指定すると円になります。参照 border-radiusプロパティ➔P.41

アイコンの縦方向の中央寄せはline-heightを内側の高さと同じにすることで表現できます。高さの150pxから上下のborder4pxずつを除いた142pxを指定します（❻）。

図17.5 現時点での表示［アイコンの表示を調整］

これでアイコン部分が完成しました。続いて、テキストの配置を調整しましょう。

テキスト部分のCSS

```
.skill-title {
  margin: 0 20px 20px;
  font-size: 2rem;
}
.skill-text {
  margin: 0 20px;
  line-height: 2;
}
```

画面幅が狭くなったりテキストが長くなったりした際に隣のテキストと表示がくっついてしまわないように、最低限保持したいmargin幅をそれぞれ入れておきます。あとはフォントサイズと行間隔を調節して完了です。

図17.6 セクション3完成形

セクション3のコーディングが完了しました。

Chapter 18

# セクション4（CONTACT）とフッターのコーディング

**簡易的な問い合わせフォームのセクションとフッターをコーディングしていきます。**

## 要素とサイズの確認

セクション4の要素と構成を確認します。

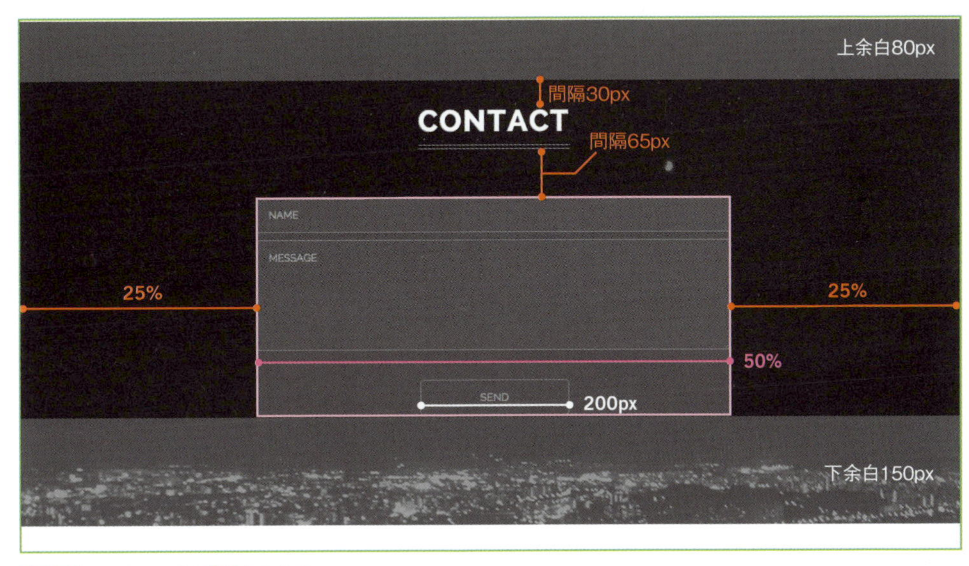


図18.1 セクション4の要素とサイズ

セクション4は簡単な問い合わせフォームになっています。フォーム要素のコーディングは実務でも行なう機会がとても多いです。送信した内容をメールなどで受け取る場合には別途PHPなどのスクリプト言語によるプログラムが必要となりますが、本書ではフォームのHTML/CSSコーディングのみに焦点を当てて解説します。

ではまず、セクション4の領域を確保しましょう。

セクション4のCSS

```
.contact {
  padding: 80px 0 150px;
}
```

背景画像の下の部分にフォームがかぶらないように、下の余白を多めにとりました。ここから中身のフォームをコーディングしていきます。

## 問い合わせフォームのコーディング

問い合わせフォームをコーディングしていきましょう。まずHTMLを記述します。デザインに従い、1行テキストエリア、複数行テキストエリア、送信ボタンを配置します。

問い合わせフォームのHTML

```
<section class="contact" id="contact">
  <h2 class="heading">CONTACT</h2>
  <form class="contact-form">
    <input type="text" name="name">
    <textarea name="message"></textarea>
    <input type="submit" value="SEND">
  </form>
</section>
```

追加

### ONE POINT

**form要素のaction属性とmethod属性**

今回の問い合わせフォームはコーディングのみで実際の送信は行なわないため、form要素のaction属性とmethod属性を省略しています。HTML4まではform要素にaction属性の指定が必須でしたが、HTML5からはその制約がなくなりました。

特定のスクリプトに内容を送信する場合、form要素の属性は以下のようになります。

同階層にあるsend.phpにPOST形式で送信する場合のform要素の記述

```
<form action="send.php" method="post"></form>
```

action属性には送信先を指定します。記述がない、または空の場合は、現在表示しているURLに送信されます。method属性は送信する方法をgetかpostで指定します。getとpostではデータの送信方法が異なり、getはデータをURLの末尾に含め、postは通信リクエストの中に含めます。記述がない、または空の場合は、デフォルト値のgetが適用されます。

フォームの送信方法や送信されたデータの受け取り方についてはHTML/CSS以外の知識が必要になるため、本書では取り上げません。PHPなどのスクリプト言語の入門書ではフォームを題材にしているものが多いので、興味のある方はぜひ参考にしてください。

1行テキストエリアはinput要素のtype属性をtextにすることで、また複数行テキストエリアはtextarea要素で表示できます。

送信ボタンはinput要素のtype属性をsubmitにして表示します。ボタン上に表示するテキストはvalue属性の値で指定します。form要素内の各要素にname属性は必須ではありませんが、name属性がない要素の値はフォームから送信されるデータの中に含まれないので、原則として値が必要な要素にはname属性をつけておくようにしましょう。

## ONE POINT

### HTML5のinput要素

input要素はtype属性に指定する値によってボタンやチェックボックスなど、いろいろな部品を表現できます。HTML5で新しく追加されたtype属性の代表的な値を紹介します。

執筆時のMac版Google ChromeとiOS Safariでのスクリーンキャプチャを掲載しています。他のブラウザや機種では対応していない場合があり、また今後のアップデートで仕様が変わる可能性もありますので、使用する際には改めて表示の確認を行なってください。

#### type="search"

検索用の1行テキストエリアを表示します。

Chromeではテキストエリアの角が少しだけ丸くなっており、文字を入力すると右端に入力内容のクリアボタンが表示されます（図18.A・B）。iOS Safariではテキストエリアの角が完全に丸くなり、キーボードの改行ボタンの文字が「検索」になっています（図18.C）。

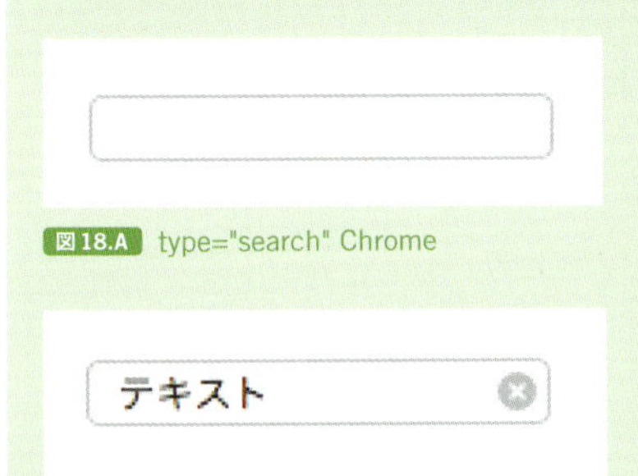


図18.A type="search" Chrome

図18.B type="search" Chrome［文字を入力した場合］

図18.C type="search" iOS Safari

#### type="tel"

電話番号入力用の1行テキストエリアを表示します。

Chromeでは通常の1行テキストエリアと同様の見た目です（図18.D）。iOS Safariでも通常の1行テキストエリアと同様の見た目ですが、表示されるキーボードが電話番号入力用のものになっています（図18.E）。

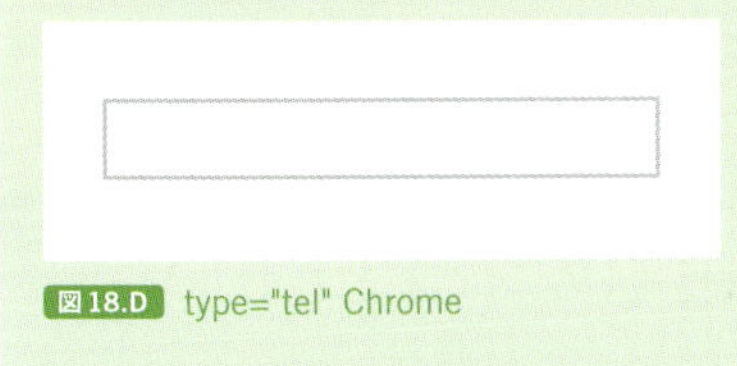

図18.D type="tel" Chrome

図18.E type="tel" iOS Safari

### type="url"

URL入力用の1行テキストエリアを表示します。

Chromeでは通常の1行テキストエリアと同様の見た目ですが、URL以外の文字列を入力して送信しようとするとエラーが表示され、送信がブロックされます（図18.F）。iOS Safariでは英字キーボードの下部のボタンがURL入力に適したものになっています（図18.G）。

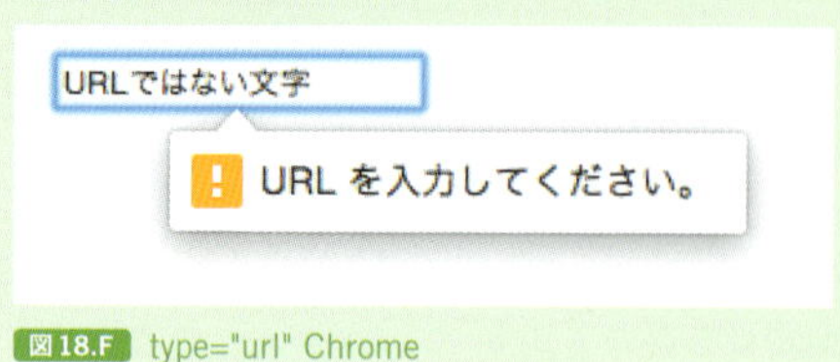


図18.F type="url" Chrome

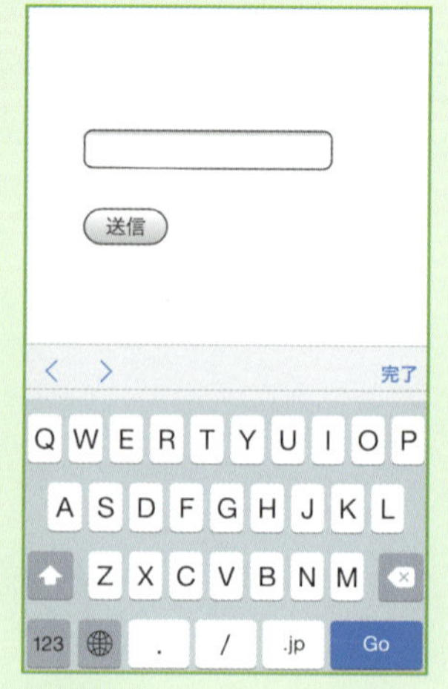


図18.G type="url" iOS Safari

### type="email"

メールアドレス入力用の1行テキストエリアを表示します。

Chromeでは通常の1行テキストエリアと同様の見た目ですが、メールアドレス以外の文字列を入力して送信しようとするとエラーが表示され、送信がブロックされます（図18.H）。iOS Safariでは英字キーボードの下部のボタンがメールアドレス入力に適したものになっています（図18.I）。

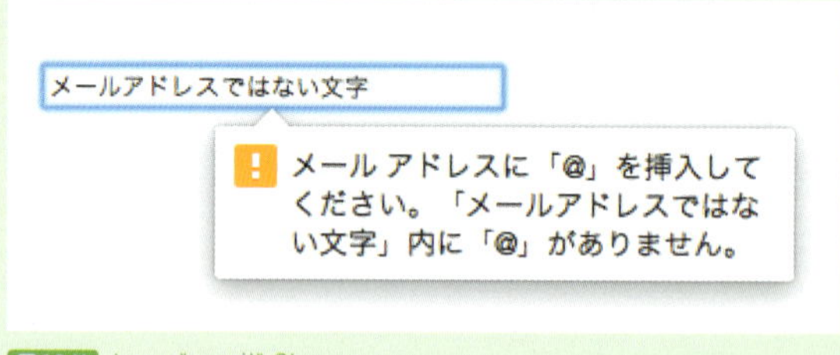


図18.H type="email" Chrome

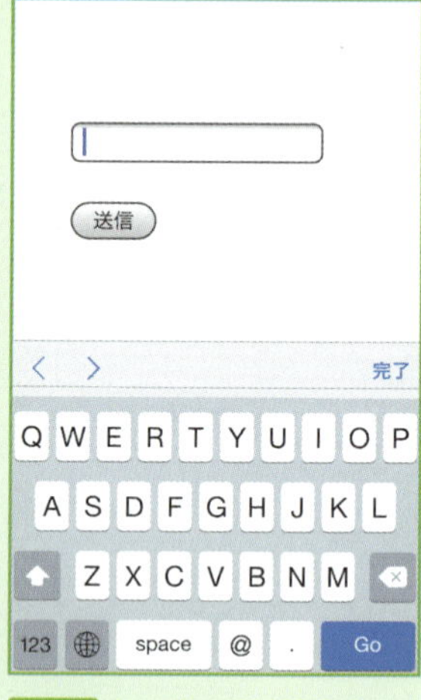


図18.I type="email" iOS Safari

### date

日付入力用の部品を表示します。

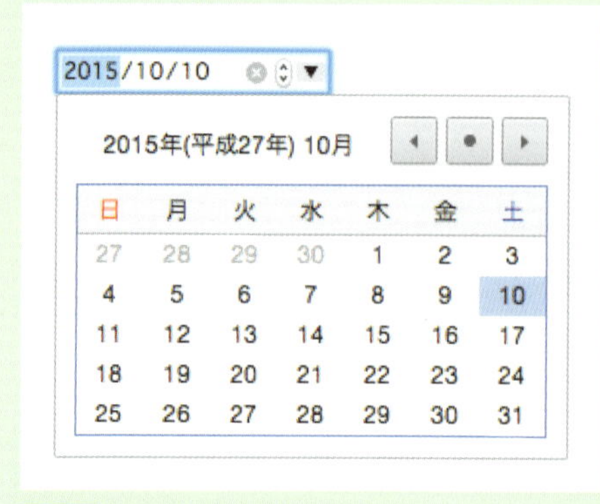


図18.J type="date" Chrome

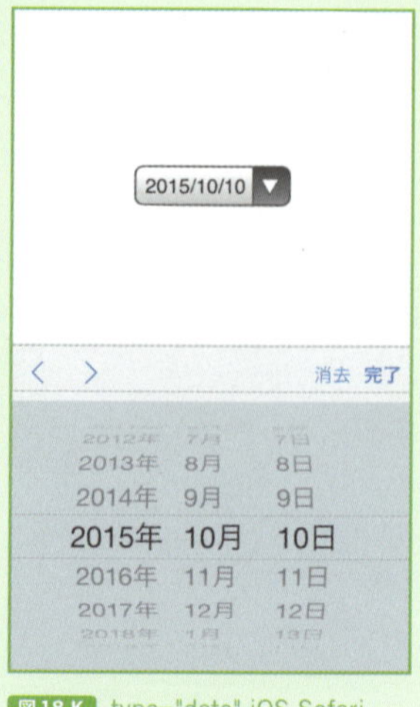


図18.K type="date" iOS Safari

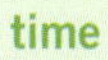

## time

時間入力用の部品を表示します。

図18.L type="time" Chrome

図18.M type="time" iOS Safari

## number

数値入力用の部品を表示します。

Chromeでは通常のテキストエリアと同様の見た目ですが、フォーカスすると右端に上下の矢印が表示され、クリックすることで数値を増減できます（図18.N）。iOS Safariでは表示されるキーボードが英数字入力用の数字キーボードになります（図18.O）。

図18.N type="number" Chrome

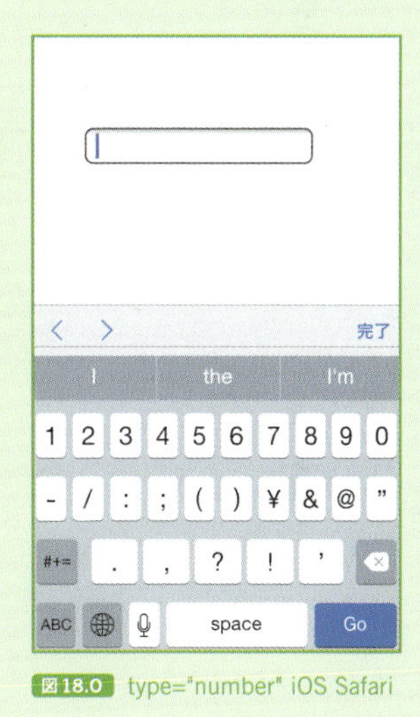


図18.O type="number" iOS Safari

## range

感覚的に値を指定できる部品を表示します。

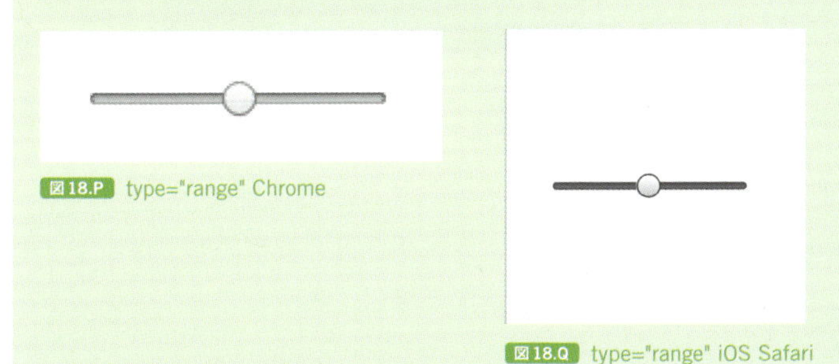

図18.P type="range" Chrome

図18.Q type="range" iOS Safari

### color

色選択用の部品を表示します。

Chromeではクリックするとカラーピッカーが表示されます（図18.R）。iOS Safariではまだサポートされておらず、通常のテキストエリアと同様の見た目です（図18.S）。一方、Androidではカラーピッカーが表示されます（図18.T・U）。

図18.R type="color" Chrome

図18.S type="color" iOS Safari

図18.T type="color" Android

図18.U type="color" Android クリック時

今回のフォームでは、入力内容を表わすラベルが入力要素の外ではなく、中に表示されています。このようにテキスト入力要素が空の場合に表示しておくテキストをプレースホルダと呼びます。

プレースホルダのテキストはplaceholder属性で指定します。placeholder属性を追加してみましょう。

▶ placeholder属性の追加

```
<section class="contact" id="contact">
  <h2 class="heading">CONTACT</h2>
  <form class="contact-form">
    <input type="text" name="name" placeholder="NAME"> ————→ 追加
    <textarea name="message" placeholder="MESSAGE"></textarea> ——→ 追加
    <input type="submit" value="SEND">
  </form>
</section>
```

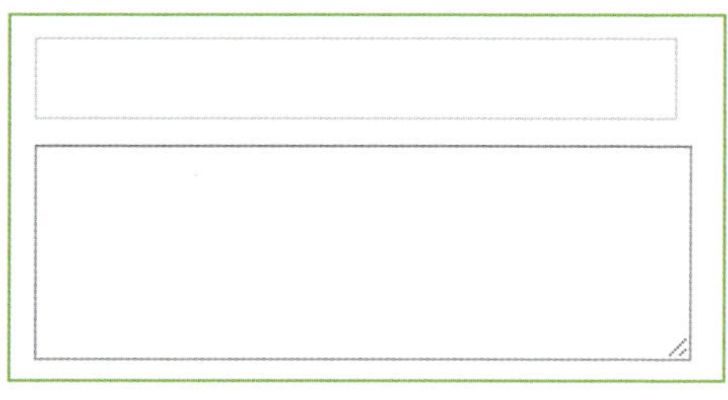

図18.2 プレースホルダなし

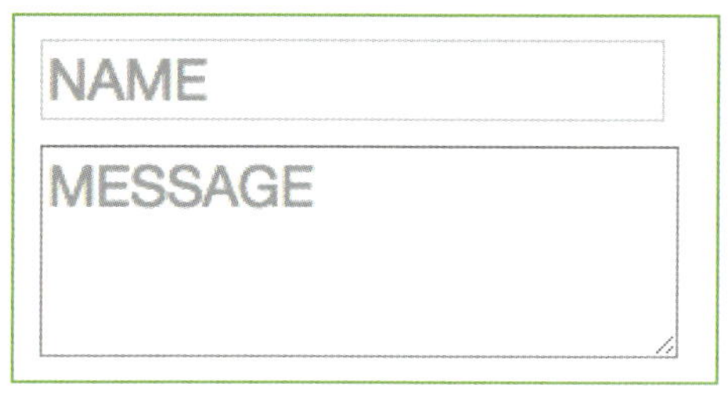


図18.3 プレースホルダあり

プレースホルダテキストが表示されました。

placeholder属性はIE10以上とモダンブラウザで対応されていますが、IE9では非対応です。非対応ブラウザでも同様の表示をするために、Placeholders.jsというJavaScriptライブラリを読み込みます。

▶ JavaScriptライブラリの読み込み

```
<section class="contact" id="contact">
  <h2 class="heading">CONTACT</h2>
  <form class="contact-form">
    <input type="text" name="name" placeholder="NAME">
    <textarea name="message" placeholder="MESSAGE"></textarea>
    <input type="submit" value="SEND">
  </form>
</section>
<footer class="footer">
</footer>
<script src="lib/placeholders.min.js"></script> ————→ 追加
```

これでIE9でもプレースホルダのテキストが表示されるようになりました。

このように、新しい機能に対応していないブラウザでもその機能が使えるようにしてくれるライブラリをpolyfill（ポリフィル）と呼びます。同じコードのまま対応ブラウザを広げることができてとても便利ですが、使用するライブラリによってはページの読み込みや動作が遅くなってしまい、古いブラウザをカバーできる一方でモダンブラウザでの利便性が損なわれてしまう場合もあります。polyfillライブラリを使用する際にはそのようなデメリットが生まれていないか一度確認するようにしましょう。

ONE POINT

### プレースホルダとユーザビリティ

今回はフォームのラベル（NAME、MESSAGEなど入力欄の意味）をプレースホルダのみで表示しています。しかし、プレースホルダのみでのラベル付けは、入力後にラベルの内容が確認できないなどの理由でユーザビリティが低いという意見もあります。

筆者としては、どちらが良い悪いではなく、「そのサイトがなにを最重要視しているか」次第だと考えています。今回のサンプルサイトはデザイナーのポートフォリオサイトであり、サイトの雰囲気をシャープにするためにもすっきりとした見栄えを重視します。また、フォームの項目数も名前と本文のみと簡潔なことから、プレースホルダのみでラベル付けを行なっています。

しかし、「会員登録数が成果となるサイト」ではどうでしょうか？　そのサイトで最重要視するべき項目は「会員登録数」です。そのため、この場合は、フォームのユーザビリティを再優先とし、いつでもラベルの内容を確認できるように外部にテキストでラベルを置いたほうがよいでしょう。

「そのサイトがなにを最重要視しているか」次第という考え方は、フォームだけではなくサイト全体のコーディングを通していえることです。最適な手段は目的次第で変わるものです。多様な選択肢を知ったうえで、適材適所の選択ができるようになっておくことが重要です。

これでHTMLの準備が整いました。CSSでスタイルを指定していきましょう。

**問い合わせフォームのCSS**

```
.contact-form {
  width: 50%;
  margin: 50px auto 0;
}
```

1行テキストエリアと複数行テキストエリアが同じ横幅なので、外枠のform要素で横幅の指定をします。これにより内側の2要素はwidthを100%に指定すればデザインどおりの幅になります。

次にテキストエリアのスタイルですが、1行テキストエリアと複数行テキストエリアのデザインはほとんど同じなので、まずは共通したスタイルを定義しましょう。いままでは原則として、要素名ではなくクラスに対してスタイルをあてていました。HTMLのマークアップに変更が入り、使用する要素が変わってもCSSファイルに極力修正を入れなくてよい柔軟性を持たせるためです。しかしフォームの場合、1行テキストエリアならtype属性がtextのinput要素、複数行テキストエリアならtextarea要素など、その要素でないと役割を果たさないことが多いので、今回は例外的に要素に対してスタイルをあててみましょう。あわせて属性を使用したCSSセレクタの記述も紹介します。

**テキストエリアのCSS**

```
.contact-form input[type=text], ──────────→ ❶
.contact-form textarea {
  display: block; ──────────→ ❷
  width: 100%; ──────────→ ❹
```

```
    margin-bottom: 10px;
    padding: 15px; ——→ ❸
    border: 1px solid rgba(255, 255, 255, 0.4); ——→ ❺
    border-radius: 0; ——→ ❻
    background-color: rgba(255, 255, 255, 0.05); ——→ ❺
    color: #fff; ——→ ❼
}
```

HTMLの属性をCSSセレクタに使用する場合は、

```
[属性名=属性値]
```

のように記述します。input[type=text] ならばtype属性がtextのinput要素が当てはまります（❶）。

input要素とtextarea要素はdisplayプロパティのデフォルト値がinline-blockですが、今回は縦に配置していきたいのでblockに変更します（❷）。枠と入力テキストの間隔はpaddingで指定します（❸）。幅は前述したとおりform要素いっぱいの100%です（❹）。さらに、borderを透明度0.4の白、背景色を透明度0.05の白にすることで、デザイン通りのすりガラスのような見た目が再現できます（❺）。ブラウザによってはテキストエリアがデフォルトで角丸になっている場合があるので、border-radius: 0; を明示的に指定します（❻）。

入力テキストの色は透過なしの白にします（❼）。

ONE POINT

### rgbaでの色指定

CSSで色を指定する際に一番よく使用されるのは、#の後に赤／緑／青の量をそれぞれ2桁の16進数で記述するカラーコードという記法です。しかし、カラーコードでは透明度を表現することができません。

rgbaでの色指定では、red（赤）、green（緑）、blue（青）に加えてalpha（不透明度）を指定することができます。前の3つの値は0～255の間で、最後の不透明度は0～1の間で表わされます。

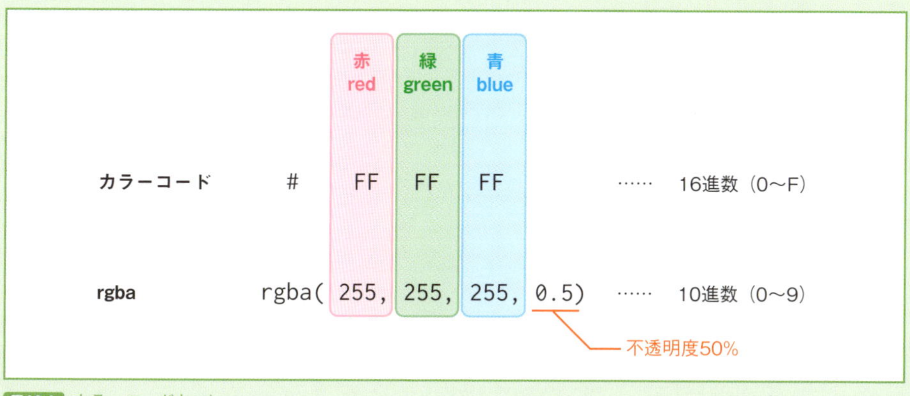


図18.A カラーコードとrgba

透過を表現するには、rgbaを使用する以外にopacityで不透明度を指定する方法もあります。

参照 opacityプロパティ→P.51

両者の違いは、rgbaはあくまで色の指定なので使用した部分の色のみ透過するのに対し、opacityは要素全体を透過するので文字色や枠線、子要素も透過されるという点です。

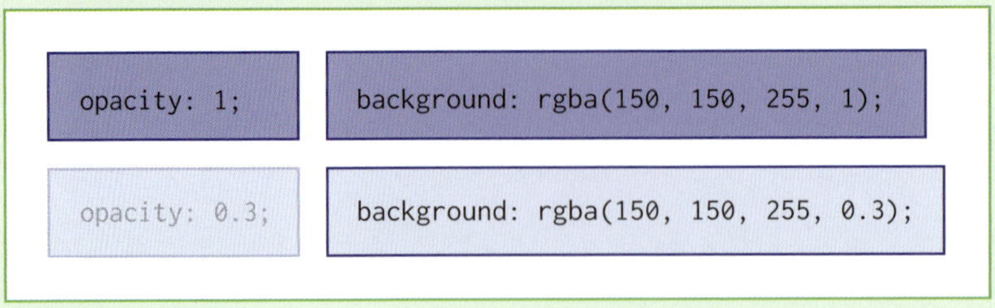

| | |
|---|---|
| opacity: 1; | background: rgba(150, 150, 255, 1); |
| opacity: 0.3; | background: rgba(150, 150, 255, 0.3); |

図18.B opacityとrgbaの違い

要素の不透明度はそのままで背景色のみを半透明にしたい場合は、background-colorプロパティにrgbaを使用することで背景色のみを透過させることができます。

使用したい色のrgba値を調べるには、Photoshopなどのツールを使用している場合はカラーピッカーで使用したい色を抽出するとカラーパレット上にrgbでの値が表示されます。その3つの値に、表現したい不透明度（レイヤーの不透明度など）を加えるとrgbaでの値になります。注意点としては、不透明度が%で表わされている場合にはCSSに記述する際に0～1への変換が必要です。0%が0、50%が0.5、100%が1になります。

続いて、複数行テキストエリアに高さを指定します。textarea要素の幅と高さはHTML側のcols、rows属性でも指定できますが、要素の幅・高さは文書の構造ではなく見た目に関することなのでCSSで指定するのがよいでしょう。

**複数行テキストエリアのCSS**

```
.contact-form textarea {
  height: 150px;
}
```

最後に、送信ボタンのスタイルを定義します。

**送信ボタンのCSS**

```
.contact-form input[type=submit] {
  display: block;                          → ❶
  width: 200px;                            → ❷
  margin: 40px auto 0;                     ┐
  padding: 15px;                           ┘→ ❶
  border: 1px solid rgba(255, 255, 255, 0.4);
  border-radius: 5px;                      → ❹
  background-color: transparent;           → ❸
  color: rgba(255, 255, 255, 0.6);         → ❹
  cursor: pointer;                         → ❺
}
.contact-form input[type=submit]:hover {
```

```
  background-color: rgba(255, 255, 255, 0.05); ⑥
}
```

テキストエリア同様、送信ボタンもdisplayプロパティをblockにしてmarginとpaddingを指定します（❶）。さらに送信ボタンは幅が狭いのでwidthを指定します（❷）。線はテキストエリアと同様ですが、通常時の背景色は透明になっています。背景色を透明にする場合は、透明を表わすtransparentを指定します（❸）。5pxの角丸にして文字色を透明度0.6の白にすれば完成です（❹）。

この他、デザイン画像からは汲み取れないディテールとして、送信ボタンにcursor: pointer;を指定しておくとホバーしたときにマウスカーソルが指の形に変わり、そのボタンを押せることが伝わりやすくなります（❺）。参照 cursorプロパティ ➔P.85

さらにボタンであることがわかりやすいように、ホバーしたときにはテキストエリアと同様の背景色をつけましょう。:hoverに対して背景色を指定します（❻）。

これで問い合わせフォームの見た目が完成しました。しかし、フォームはHTMLの中でもユーザーが入力する要素なので、完成図からそのまま見える部分以上にコーディングする部分が多いです。もう少しブラッシュアップをしてみましょう。

## テキストエリアフォーカス時のスタイル

ここまででコーディングしたフォームをブラウザで表示し、テキストエリアをクリックして入力状態にすると、次のような表示になります。

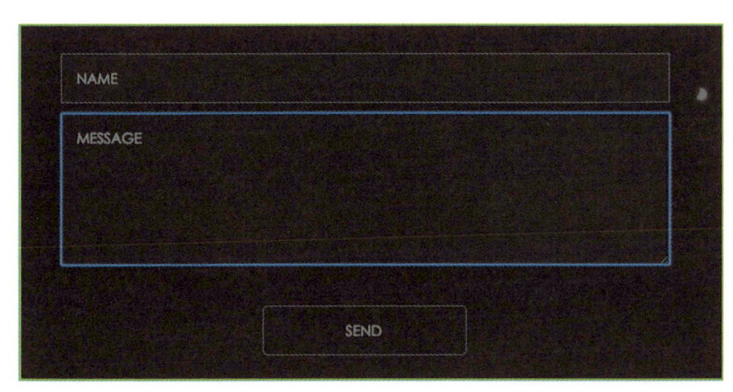


図18.4 Chromeでのテキストエリアフォーカス表示

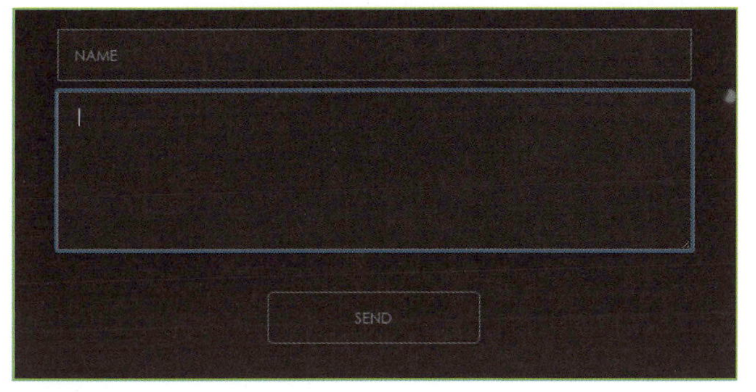


図18.5 Safariでのテキストエリアフォーカス表示

入力状態になっているテキストエリアの縁が青くハイライトされています。この表示をサイトの雰囲気に合わせてカスタマイズしてみましょう。

まず、デフォルトで表示される青いハイライトを消すために、CSSでoutline: none;を指定します。

**デフォルトの青いハイライトを消す**

```
.contact-form input[type=text],
.contact-form textarea {
  display: block;
  width: 100%;
  margin-bottom: 10px;
  padding: 15px;
  outline: none; ──────→ 追加
  border: 1px solid rgba(255, 255, 255, 0.4);
  border-radius: 0;
  background-color: rgba(255, 255, 255, 0.05);
  color: #fff;
}
```

これでデフォルトのハイライトが表示されなくなりました。さらに、CSSで違う色のハイライト効果を追加します。

**入力状態時のCSS**

```
.contact-form input[type=text]:focus,
.contact-form textarea:focus {
  box-shadow: 0 0 8px rgba(255, 255, 255, 0.5) inset;
}
```

:focusセレクタで、その要素がフォーカスされた状態（テキストエリアであれば入力状態）を指定できます。透明度0.5の白いbox-shadowを、insetを使用して内側にかけます。

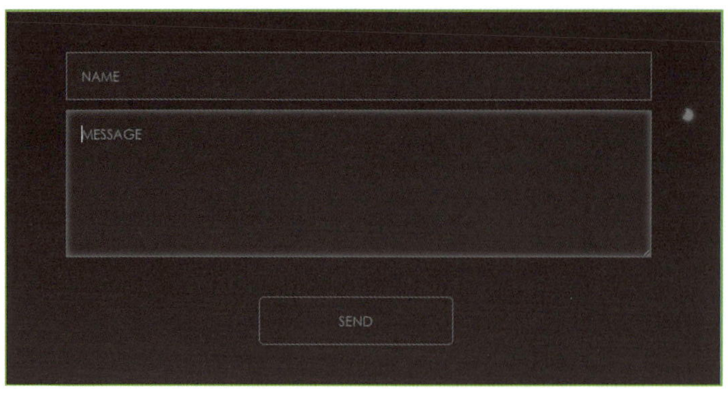

図18.6 CSSが適用された状態

デフォルトのハイライトよりも、よりサイトのデザインとマッチしたハイライトになりました。その他、:focusにCSSでスタイルを指定することで、Firefoxなどテキストエリアにデフォルトのハイライトがないブラウザでもハイライトを表示することができます。

以上でセクション4のコーディングが完了しました。

ONE POINT

### プレースホルダにCSSを適用する

問い合わせフォームのコーディングの中で、テキストエリアにplaceholder属性を使用して"NAME"と"MESSAGE"というプレースホルダテキストを表示させました。そのプレースホルダテキストにCSSをあてるにはどうしたらよいでしょうか？

プレースホルダテキストのセレクタは将来的に:placeholder-shownとなる方針が定まりつつありますが、2015年現在ではブラウザごとに先行実装されたセレクタを指定する必要があります。たとえば、上記のフォームでプレースホルダテキストと送信ボタンのテキストの色を厳密に合わせるため、プレースホルダテキストの文字色を透明度0.6の白に指定する場合は次のようになります。プレースホルダテキストはデフォルトで半透明の表示になっているので、一度opacityを1に戻してからrgbaで半透明な文字色を指定しています。

**プレースホルダテキストに対するCSS**

```
/* for Chrome and Safari */
.contact-form ::-webkit-input-placeholder {
  color: rgba(255, 255, 255, 0.6);
  opacity: 1;
}

/* for Internet Explorer */
.contact-form :-ms-input-placeholder {
  color: rgba(255, 255, 255, 0.6);
  opacity: 1;
}

/* for Firefox */
.contact-form ::-moz-placeholder {
  color: rgba(255, 255, 255, 0.6);
  opacity: 1;
}
```

3種類のセレクタが必要なうえ、3つをカンマで区切ってまとめて書いてしまうと動作しなくなってしまうため、個別の定義が必要となっています。Internet Explorer用のセレクタはコロンが1つである点や、Firefox用のセレクタには"input"が入らない点にも注意が必要です。

同じ値を3回指定せねばならず、かなり冗長ですね。どうしてもプレースホルダテキストのコーディングが必要な際には参考にしてください。

## フッターのコーディング

今回のシングルページレイアウトのフッターはコピーライト表記のみのとてもシンプルなものなので、ここであわせてコーディングしてしまいましょう。

© sample site　上下余白12px

図18.7 フッターの要素とサイズ

HTMLの.footerにコピーライト表記を追加します。

フッターのHTML

```
<footer class="footer">
  © sample site ——→ 追加
</footer>
```

CSSを追加します。

フッターのCSS

```
.footer {
  padding: 12px 0;
  font-size: 1.3rem;
}
```

テキストの上下に余白をとり、フォントサイズを一回り小さくしました。
これでシングルページレイアウトのコーディングが完成しました。

Chapter 19

# スマートフォン対応の下準備

**シングルページレイアウトサイトをスマートフォンでも快適に見られるようにするための下準備を行ないます。**

## 現時点での表示の確認

ここまでで、シングルページレイアウトのサイトをPC向けにコーディングしてきました。ここからはスマートフォンやタブレットに向けた表示最適化を行ないます。

複数のデバイスに対する表示最適化には、大きく分けて2つの方法があります。

(1) PCでの閲覧ならindex.html、スマートフォンでの閲覧ならsmartphone.htmlのようにデバイスごとに別々のHTMLへ振り分ける方法

(2) どのデバイスでも同じHTMLを表示しつつ画面幅によって動的にCSSを切り替えて常に最適な表示が行なわれるようにする方法

(2)の方法をレスポンシブWebデザインと呼びます。今回はこのレスポンシブWebデザインでスマートフォンやタブレットへの表示最適化を行ないます。

まずは、ここまでのコーディングでサイトがどのようにスマートフォンで表示されるかを確認してみましょう。図19.1はブラウザ幅が320pxとなる4インチiPhoneでのキャプチャ画像です。

表示が崩れることもなくPCと同様の表示がされています。しかし、スマートフォンの画面はPCよりもずっと横幅が狭いため、そこにPCと同様の表示をしてしまうと文字が小さくなりすぎて見づらいです。スマートフォンでも拡大することなく楽に文字が読めるよう、表示を最適化しましょう。

スマートフォン対応の第一歩は、viewportの設定です。

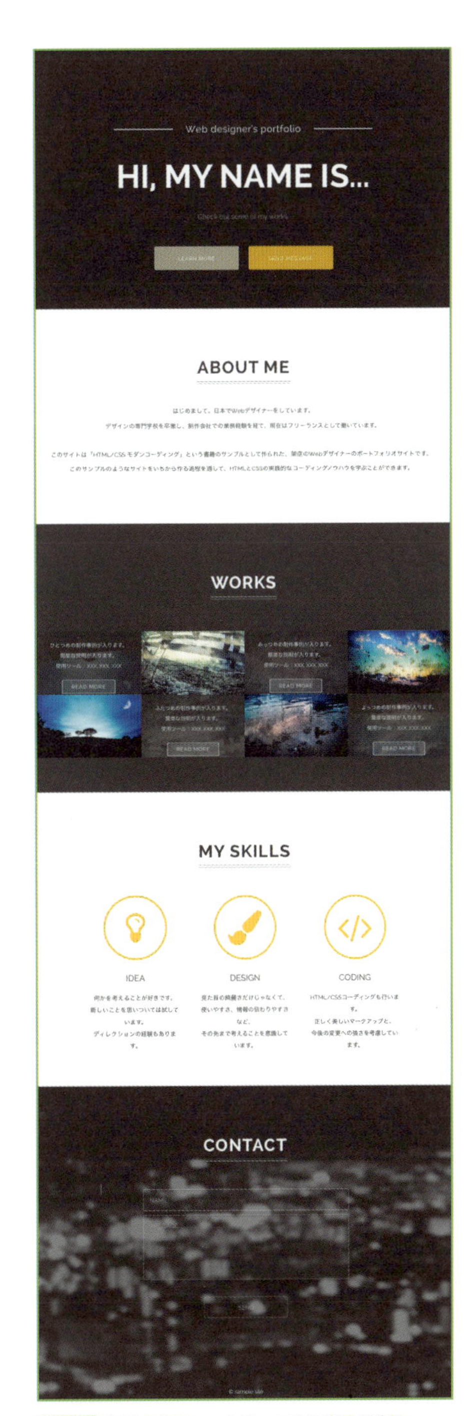


図19.1 現時点のスマートフォンでの表示の確認

## viewportの設定

viewportとは日本語に訳すと「表示領域」という意味です。viewportの指定を行なうと、スマートフォンでWebページを閲覧した際にどこからどこまでを何倍で表示するかという表示領域をカスタマイズすることができます。

PCの場合は、原則的にユーザーが自分でズームを行なわない限り、Webページは拡大も縮小もされていない1倍で表示されます。ブラウザのウィンドウよりもページの横幅が大きくても縮小は行なわれず、ページはウィンドウの外にはみ出してしまいます。しかし、スマートフォンの場合、ページが常に1倍で表示されるとは限らないのです。

先ほどキャプチャを掲載したiPhoneを例に挙げます。iPhoneの横幅は320pxですが、iPhoneのviewportの横幅の初期値は980pxとなっています。つまり、先ほどのキャプチャはPCでブラウザのウィンドウを980pxまで縮めた表示がiPhoneの横幅320pxの画面にぎゅっと縮小されて表示されているような形です。倍率でいうと、320/980なので約0.3倍、1/3ほどに縮小されていることになります。

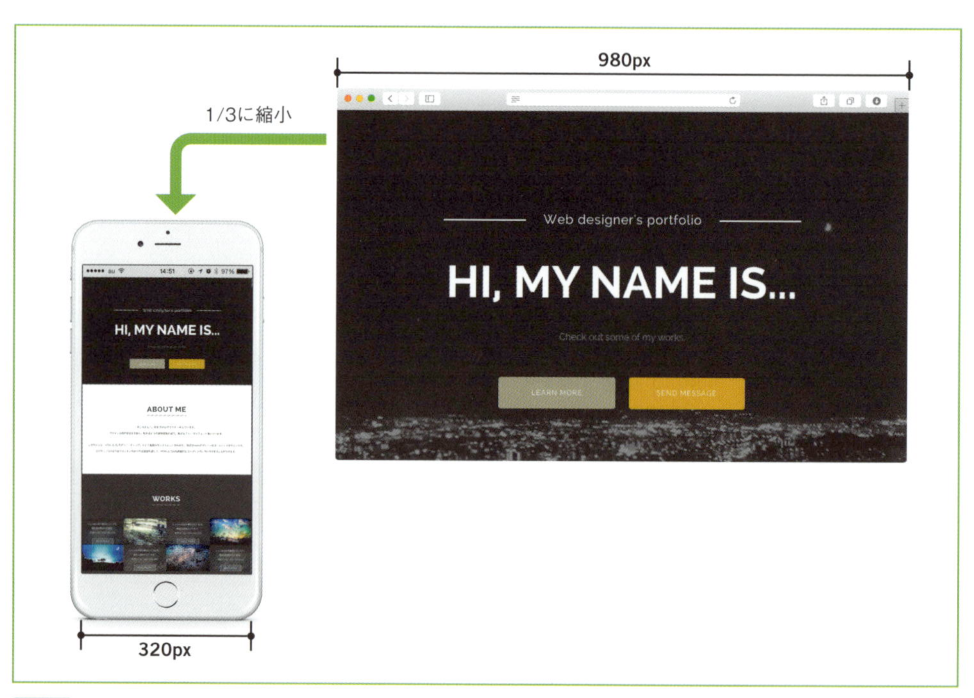


図19.2 縮小されるイメージ

縮小を行なわせないためには、viewportのサイズとデバイスの画面のサイズを同じにする必要があります。viewportが320pxで画面サイズも320pxであれば表示倍率は1倍になります。

viewportの指定の仕方は、meta要素のname属性にviewportを指定し、content属性にカンマ区切りで内容を記述していく形になります。index.htmlのhead要素内に次の記述を追加してみましょう。

viewportの追加

```
<head>
  <meta charset="UTF-8">
  <meta name="viewport" content="width=device-width, ➡
initial-scale=1.0"> ——→ 追加
  <title>シングルページレイアウト</title>
  <link rel="stylesheet" href="http://fonts.googleapis.com/
css?family=Raleway:700,400">
  <link rel="stylesheet" href="http://maxcdn.bootstrapcdn.com/
font-awesome/4.3.0/css/font-awesome.min.css">
  <link rel="stylesheet" href="css/normalize.css">
  <link rel="stylesheet" href="css/style.css">
</head>
```

content属性内で以下の指定をしています。

- width=device-width
- initial-scale=1.0

widthプロパティではviewportの横幅を指定します。width=320のように数値を与えるとその数値ぶんのpxが横幅になりますが、device-widthというキーワードを与えることでいま閲覧しているデバイスの幅と同じ幅を指定できます。これにより、どのような画面サイズのデバイスで閲覧してもviewportの横幅とデバイスの画面の横幅を合わせることができます。

initial-scaleでは初期表示時のズーム率を指定します。1.0で1倍の表示になります。0.5を与えると1/2の表示、2.0で2倍の表示になります。

先ほどのコードではwidth=device-widthと指定しているのでviewportの横幅がデバイスの横幅と同じになり、initial-scale=1.0の指定によって1倍で表示されています。

現時点での表示を確認してみると、先ほどよりも大きく表示されました（図19.3）。しかし、viewportの幅が980pxから320pxになったため、場所によっては文字が折り返されたり要素がはみ出したりして表示が崩れています。ここから、viewportのサイズにあわせて要素のレイアウトを調整していきます。

その前に、ズームについても制御を行なっておきましょう。今回は最終的にスマートフォンの画面に1倍で収まるようコーディングを行なうので、1倍以下に画面を縮小する動作は不要になります。一方、一時的に文字や画像を大きく見たい場合を考慮して拡大の動作は行なえるようにします。

content属性に設定できる、ズームに関する設定は以下です。

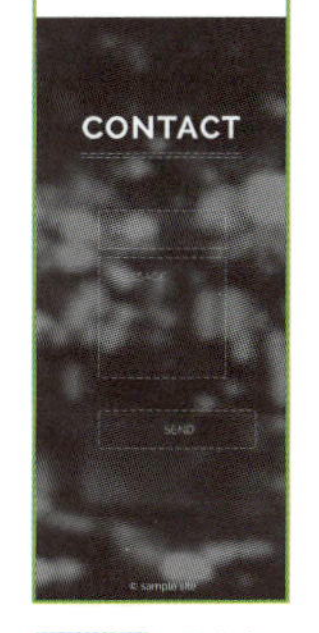


図19.3 現時点での表示

- initial-scale（初期ズーム率）
- minimum-scale（最小ズーム率）
- maximum-scale（最大ズーム率）
- user-scalable（ズームの可否）

initial-scaleは先ほど設定したとおり、ページを表示したときのデフォルトのズーム率です。

minimum-scaleには、ズームを許可する倍率の下限を指定します。minimum-scaleが0.5であれば、0.5倍（1/2）までしか縮小できなくなります。

maximum-scaleはその逆で、ズームを許可する倍率の上限を指定します。maximum-scaleが2.0であれば、2倍までしか拡大できなくなります。

user-scalableにはユーザーによるページのズームの可否を指定します。初期値はyesで、noを指定するとユーザーがページをズームすることができなくなります。

今回は縮小のみを制限したいので、先ほどのcontent属性の中に設定を追記します。

**ズーム制御の追加**

```
<head>
  <meta charset="UTF-8">
  <meta name="viewport" content="width=device-width,initial-scale=1.0,➡
minimum-scale=1.0"> ――――→ 追加
  <title>シングルページレイアウト</title>
  <link rel="stylesheet" href="http://fonts.googleapis.com/➡
css?family=Raleway:700,400">
  <link rel="stylesheet" href="http://maxcdn.bootstrapcdn.com/➡
font-awesome/4.3.0/css/font-awesome.min.css">
  <link rel="stylesheet" href="css/normalize.css">
  <link rel="stylesheet" href="css/style.css">
</head>
```

最小ズーム率が1倍になったので、画面が1倍以下に縮小して表示されることはなくなりました。

それではここから、スマートフォンの画面サイズにあわせて要素のレイアウトを調整していきましょう。

## メディアクエリを使用して レスポンシブWebデザインを実現する

スマートフォン用に要素のレイアウトを調整していきますが、その指定がPCにも適用されてしまうと今度はPCでの表示が崩れてしまうことになります。これから記述するCSSは、スマートフォンなどの画面の狭いデバイスで表示したときのみ適用しなければなりません。そのような場合に使用するのがメディアクエリという機能です。

## メディアクエリの記述方法

メディアクエリとは、「こういう場合にはこのスタイルを有効にする」というように、閲覧環境によってリアルタイムにCSSの有効・無効を切り替えられる機能です。例を挙げると、印刷時にのみ適用するprintキーワードなどがあります。

メディアクエリには3つの記述方法があります。

### 条件を指定したいCSSを別ファイルに切り出し、HTMLから読み込む

CSSファイルを読み込むlink要素にメディアクエリの指定を追加することで、条件に適合した場合にのみそのファイルのCSSを適用します。

**印刷用CSSをHTMLから読み込む例**

```
<link rel="stylesheet" href="print.css" media="print">
```

### 条件を指定したいCSSを別ファイルに切り出し、CSSから読み込む

CSSファイル内で@importを使用し別のCSSを読み込む際にメディアクエリの指定を追加することで、条件に適合した場合にのみ、そのファイルのCSSを適用します。

**印刷用CSSをCSSから読み込む例**

```
@import url(print.css) print;
```

### 条件を指定したいCSSを同じファイルに記述し、メディアクエリの構文で囲む

メディアクエリの機能はファイルを切り分けなくても利用することができます。条件を記述したメディアクエリの構文で囲むことで、条件に適合した場合にのみその構文の中のCSSを適用します。

**印刷用CSSを同じファイルから読み込む例**

```
.sample {
  color: red;  → デフォルトのスタイル
}

@media print {
  .sample {
    color: black;  → 印刷時に適用するスタイル
  }
}
```

今回は最後の方法でスマートフォン用のスタイルを記述します。

PART 0
PART 1
PART 2
PART 3
APPENDIX

## メディアクエリの条件

ひとくちにスマートフォン用といっても、具体的にはどういった条件でCSSを切り替えればよいのでしょうか？

そもそもなぜスマートフォン用の調整が必要なのかといえば、スマートフォンの狭い画面で見た際に表示が崩れてしまうためです。ということは、調整が必要な原因は「スマートフォン」ではなく「狭い画面」であることがわかります。現に、PCでもブラウザの幅を狭めていけば同じように表示が崩れてしまいます。

「画面の幅」を基準にするためのメディアクエリは以下です。

- width
- device-width

widthはviewportの幅、device-widthはデバイスの幅です。デバイスの幅を基準にしてしまうと、デバイスの幅とviewportの幅が異なる場合に対応できなくなります。たとえば、PCではディスプレイの中にブラウザのウィンドウがある形ですが、device-widthがディスプレイの幅、widthがウィンドウの幅になるのでdevice-widthを基準にしていると実際の表示領域の変化に反応することができないというわけです。大きな事情がない限り、そのようなケースにも対応できるwidthを使ったほうがよいでしょう。

widthやdevice-widthのように判定式に使用できる条件を「メディア特性」といいます。各メディア特性には"min-"と"max-"という前置詞をつけることで、「以上」や「以下」を表現できます。

メディアクエリの記述例

```
@media (width: 320px) {        → viewportの幅が320pxの場合に適用される
  .sample {
    color: red;
  }
}
@media (min-width: 320px) {    → viewportの幅が320px以上の場合に適用される
  .sample {
    color: blue;
  }
}
@media (max-width: 320px) {    → viewportの幅が320px以下の場合に適用される
  .sample {
    color: yellow;
  }
}
```

min-は「最低でも」、max-は「最高でも」と訳すとわかりやすいと思います。max-width: 320pxの場合、条件に一致するのは「最高でも320pxの幅」なので、幅が320px以下の場合に適用されます。

今回表示を最適化したいのはスマートフォンと縦向きに持ったタブレットです。横向きに持ったタブレットの横幅は1024pxと広い機種が多いので、横向きのタブレットでは通常のまま表示します。

スマートフォンとタブレット向けの記述

```
@media (max-width: 768px) {
}
```

これで、複数デバイスへの表示最適化の準備が整いました。

ONE POINT

### メディアクエリに指定できる条件の種類

メディアクエリに指定できるメディア特性にはいろいろな種類がありますが、中でも使用頻度の高いサイズや解像度に関わるメディア特性を紹介します。

表19.A メディアクエリに指定できるメディア特性

| 指定条件 | 意味 |
|---|---|
| width<br>min-width<br>max-width | デバイスが描画できる領域（viewportやプリンタの印刷領域など）の横幅 |
| height<br>min-height<br>max-height | デバイスが描画できる領域（viewportやプリンタの印刷領域など）の高さ |
| aspect-ratio<br>min-aspect-ratio<br>max-aspect-ratio | デバイスが描画できる領域（viewportやプリンタの印刷領域など）のアスペクト比。<br>横の比率/縦の比率 のように半角スラッシュで分割して記述する。数値はどちらも正の整数。描画領域が320px×480pxの場合は320/480や2/3のように表記する。<br>min-やmax-を使用する場合、横÷縦の結果で比較するため、横長であるほど値が大きくなる。min-aspect-ratio: 4/3 の場合、4：3またはそれよりも横長（5：3や12：8など）の描画領域が対象となる |
| device-width<br>min-device-width<br>max-device-width | デバイス自体（スクリーンや用紙など）の横幅 |
| device-height<br>min-device-height<br>max-device-height | デバイス自体（スクリーンや用紙など）の高さ |
| device-aspect-ratio<br>min-device-aspect-ratio<br>max-device-aspect-ratio | デバイス自体（スクリーンや用紙など）のアスペクト比。<br>記述方法や値の大小については前述のaspect-ratioと同じ |
| orientation | デバイスの向き。<br>landscape（横向き、横長）かportrait（縦向き、縦長）のどちらかのキーワードを指定する |
| resolution | デバイスの解像度。<br>解像度の単位には、1インチあたりのドット数を表わすdpiもしくは1センチあたりのドット数を表わすdpcmを使用する。min-resolution: 400dpiの場合、解像度が400dpi以上のデバイスが対象となる |

Chapter 20

# スマートフォン対応のコーディング

シングルページレイアウトサイトをスマートフォンでも快適に見られるようにするためのコーディングを行ないます。



## 現時点での表示の確認

前章でviewportの設定を行なったので、現在の表示はこのようになっています。

ここから、エリアごとにレイアウトをスマートフォンの画面幅にあわせて調整していきましょう。この章で掲載するCSSコードはすべて前章で解説したメディアクエリの構文の内側に記述します。

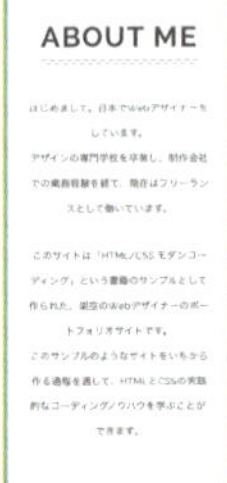

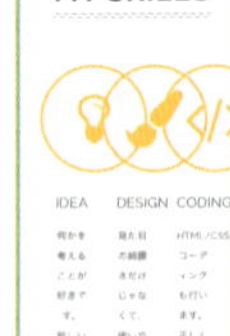

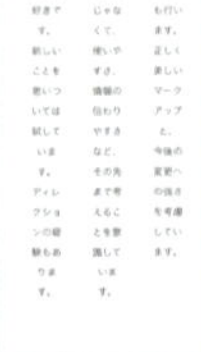

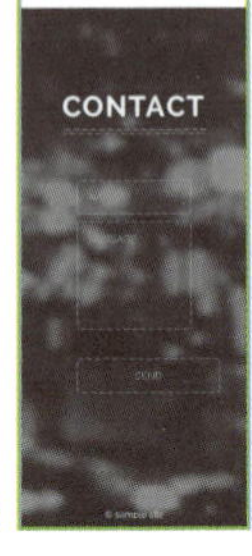


図20.1 viewport設定後の表示

## ヘッダーのコーディング

まずはヘッダーです。調整前はこのような表示です（図20.2）。

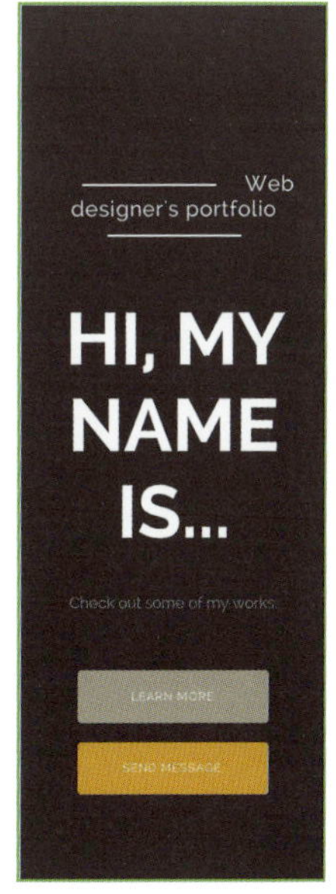


図20.2 現時点での表示［調整前のヘッダー］

罫線に挟まれたサブタイトルが折り返されているので、狭い画面幅のときは上下に罫線がくるよう変更しましょう（図20.3）。

**サブタイトルの調整［罫の位置調整］**

```
.site-title-sub::before,
.site-title-sub::after {
  display: block;
}
```

図20.3 現時点での表示［罫の位置調整後］

罫線のサイズを調整し、上下に間隔をとります（図20.4）。

**サブタイトルの調整［罫線の調整］**

```
.site-title-sub::before,
.site-title-sub::after {
  display: block;
  width: 80%;
  margin: 10px auto;
}
```

→ 追加

図20.4 現時点での表示［罫線の調整後］

サブタイトル自体も1行に収まるよう文字サイズを小さくします（図20.5）。

**サブタイトルの調整［文字サイズの調整］**

```
.site-title-sub {
  font-size: 1.7rem;
}
```

図20.5 現時点での表示［文字サイズの調整後］

綺麗に整いました。次はタイトルです。文字サイズが大きすぎるので、ちょうどいいサイズに変更します（図20.6）。

図20.6
現時点での表示
［タイトルの調整後］

タイトルの調整

```
.site-title {
  margin-top: 35px;
  font-size: 5rem;
}
```

ヘッダー上部の余白を狭めにします（図20.7）。

図20.7
現時点での表示
［ヘッダーの余白の調整後］

ヘッダーの余白の調整

```
.header {
  padding-top: 60px;
}
```

スマートフォンで見ても綺麗に表示されるようになりました。

最後にヘッダー下部のボタンに対しても調整を行ないます。

iOS8の中でシェアの高い8.4.1のバージョンでは、リンクに対して:hoverでopacityをはじめとする一部のプロパティを変更していると、1回目のタップでは:hoverの変化のみで、2回目のタップでやっとリンク先に遷移するという挙動があります。

この挙動はiOS9では解消されていますが、そもそもスマートフォンではhoverのスタイルは不要でもあるので、念のために対策を行なっておきましょう。

iOS8の挙動の対策

```
.button:hover {
  opacity: 1;
}
```

これで:hoverに指定していたopacity: 0.9;の値がメディアクエリが有効なときには1に上書きされて無効になり、iOS8.4.1で見たときにも1タップでリンク遷移が行なわれるようになります。

## セクション1（ABOUT ME）のコーディング

次に自己紹介のセクションです。調整前はこのような表示です（図20.8）。

見出しとテキストのみなので、軽く文字サイズを調整するだけでよさそうです。まず見出しの文字サイズを調整します（図20.9）。

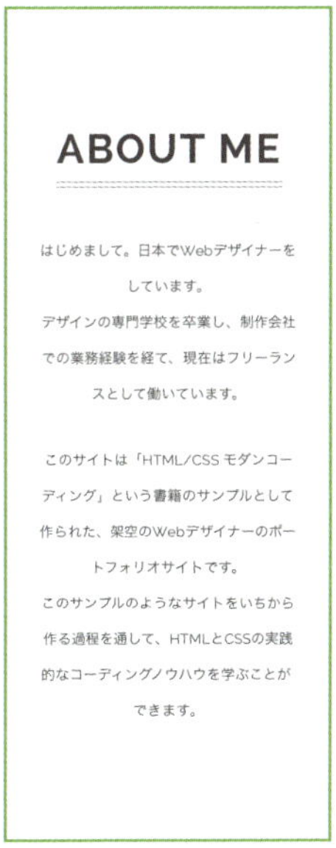

図20.8
調整前のセクション1の表示

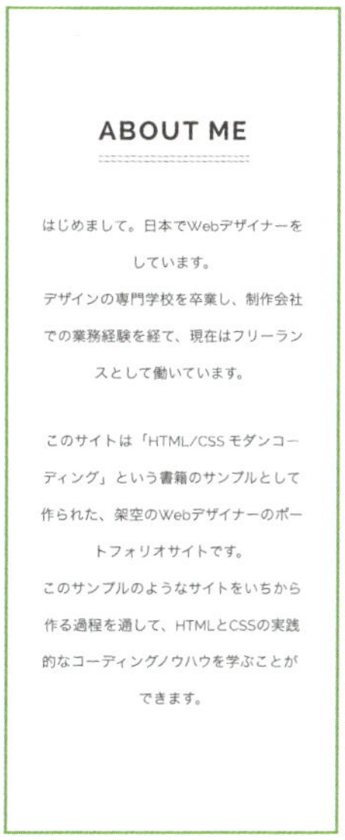

図20.9
現時点での表示
［文字サイズの調整後］

**見出しの調整［文字サイズの調整］**

```
.heading {
  font-size: 2.5rem;
}
```

次にテキストの文字サイズを少しだけ小さくしたいのですが、自己紹介テキストの文字サイズはbodyの文字サイズを引き継いでいるので、bodyの文字サイズを変更します。画面幅が狭いときには画面幅が広いときよりもベースの文字サイズを1px小さくします（図20.10）。

**テキストの文字サイズの調整**

```
body {
  font-size: 1.3rem;
}
```

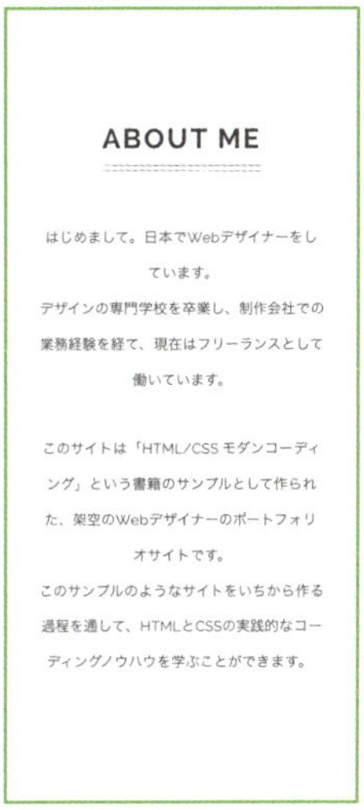

最後に自己紹介文のテキストの行間を調整します（図20.11）。

**.about-textの行間の調整**

```
.about-text {
  line-height: 1.8;
}
```

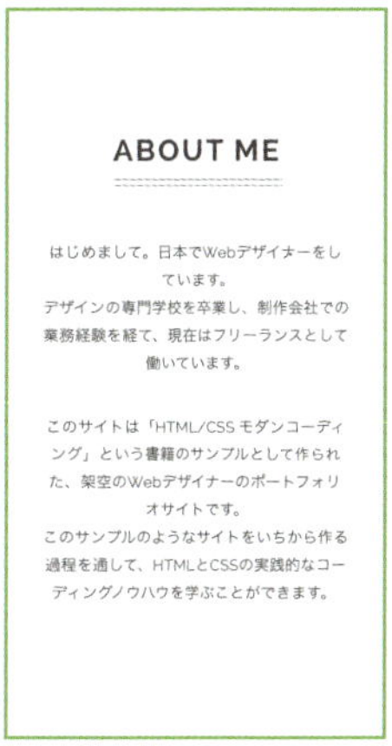

セクション1の調整が完了しました。

図20.10
現時点での表示
［テキストの文字サイズの調整］

図20.11
現時点での表示
［テキストの行間の調整］

## セクション2（WORKS）のコーディング

次に、作品紹介部分の調整をします。調整前はこのような表示です（図20.12）。

PC向けの表示と同じくボックスが横に4つ並んでしまっています。画面幅が狭い場合にはボックスが縦一列に並ぶよう調整しましょう。display: table;とdisplay: table-cell;を解除することで縦に並べ直すことができます（図20.13）。

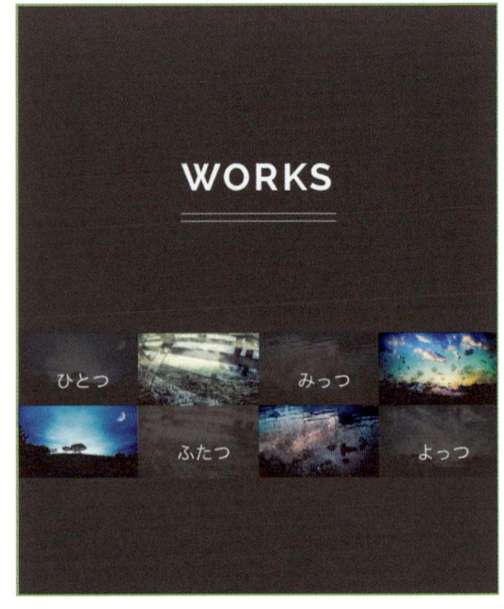

図20.12 調整前のセクション2の表示

作品紹介部分の調整［ボックスを縦一列に並べる］

```
.works-wrapper,
.work-box {
  display: block;
}
```

画像が縦に並びました（図20.13）。
しかし、PCでの表示のように画像と説明を8ブロックぶんすべて縦に並べていくと縦幅がだいぶかさんでしまいます。各作品にはそれぞれ詳しい説明へ飛ぶ想定のリンクボタンもあるので、狭い画面幅の表示では画像を省略し、説明文と背景画像のみ載せるようにしましょう。

画像を非表示にし、position: absolute;で配置していた.work-descriptionをrelativeに変更して通常の位置に配置されるようにします。参照 positionプロパティ→P.170

作品紹介部分の調整［画像を非表示にする］

```
.work-image {
  display: none;
}
.work-description {
  position: relative;
}
```

通常の位置に表示するための変更でstaticにせずrelativeにしているのは、z-indexの指定を有効に保つためです。z-indexが有効なのはpositionプロパティの値がstatic以外である要素だけです。参照 z-indexプロパティ→P.184

これで画像が表示されなくなりました（図25.14）。次に、薄く表示されている::after擬似要素（背景画像）を各作品紹介ブロックの大きさいっぱいに伸ばします。

PC向けの表示では::after擬似要素と実際の画像は同じ比率だったので、background-size: 100% 100%;で背景がすべて表示されていました。しかし、いまの狭い画面幅の表示では::after擬似要素のサイズは.work-textのテキストの長さ次第になるので、::after擬似要素の比率と実際の画像の比率は異なります。そういった場合background-size: cover;を指定すると、背景画像をその要素を覆う最小サイズまで引き伸ばすことができます（図20.15）。参照 background-size プロパティ→P.144

最後に、transform: scaleY(-1);による画像の上下反転をtransform: none;で上書きし、元に戻します。

図20.13
現時点での表示
［ボックスの縦一列表示］

作品紹介部分の調整［背景画像の調整］

```
.work-box::after {
  top: 0;
  height: 100%;
  background-size: cover;
  transform: none;
}
```

セクション2の調整が完了しました。ボックスが縦に並び、文字も大きく見やすくなりました。

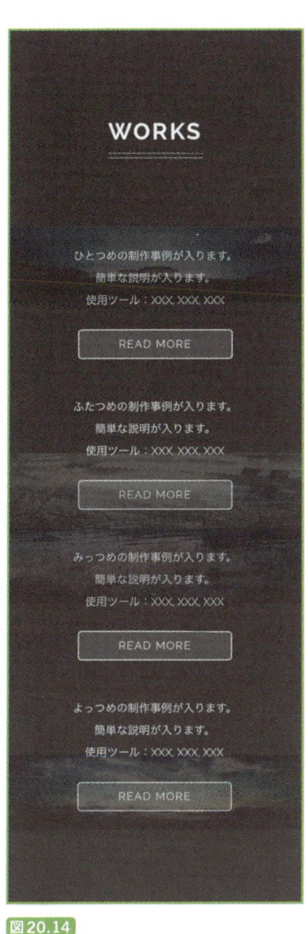

図20.14
現時点での表示
［画像の非表示後］

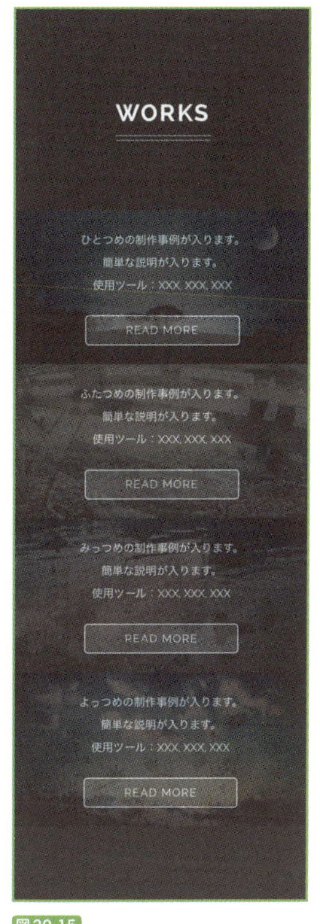

図20.15
現時点での表示
［背景画像の調整後］

## セクション3（MY SKILLS）のコーディング

次に、スキル紹介の部分を調整します。調整前はこのような表示です（図20.16）。

アイコンとテキストが横に3つ並んでいますが、こちらもdisplay: table;とdisplay: table-cell;を解除することで、画面幅が狭い場合には縦に並ぶよう調整します（図20.17）。

**スキル紹介部分の調整［アイコンを縦に並べる］**

```
.skills-wrapper,
.skill-box {
  display: block;
}
```

アイコンと、アイコンを囲う円のサイズを小さくします。line-heightプロパティにはheightの値から上下のborder4pxずつを除いた値を指定します（図20.18）。

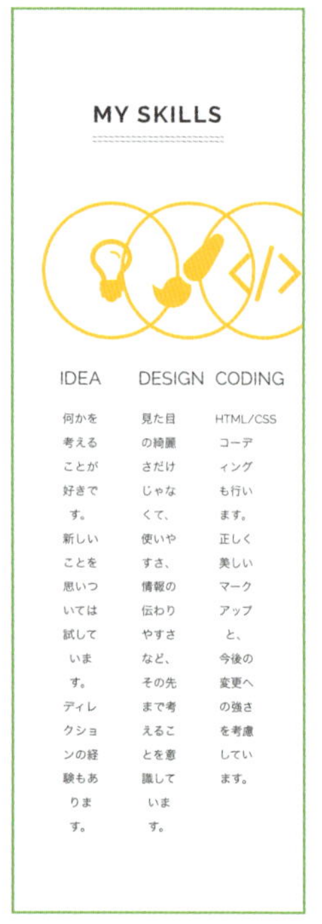


図20.16
調整前のセクション3の表示

図20.17
現時点での表示
［アイコンの縦一列表示］

図20.18
現時点での表示
［アイコンのサイズ調整後］

図20.19
現時点での表示
［テキストのマージンの調整］

スキル紹介部分の調整［アイコンのサイズ調整］

```
.skill-icon {
  width: 100px;
  height: 100px;
  font-size: 5rem;
  line-height: 92px;
}
```

縦並びにしたのでテキストの両脇のmarginを0にし、代わりに.skill-boxの上下にmarginを追加します（図20.19）。

スキル紹介部分の調整［テキストのマージンの調整］

```
  .skill-box {
    margin: 40px auto;
  }
  .skill-text {
    margin: 0;
  }
```

セクション3の調整が完了しました。

## セクション4（CONTACT）のコーディング

最後に、問い合わせフォームの調整をします。調整前はこのような表示です（図20.20）。

縦長のページいっぱいを覆うようにbody要素の背景画像が引き伸ばされています。画面が縦長の場合は下部に背景を敷き詰めても横幅が狭いので見える部分が少なくなってしまうほか、iOSでは背景画像を固定するbackground-attachment: fixed;が効かないという問題があるため視覚効果の演出も期待ができません。そのため、タブレットとスマートフォン向けのスタイルではbodyの背景画像指定を削除します。

ここまでのスタイルはスマートフォンと縦向きのタブレットにのみ適用させるためにmax-widthが768pxのメディアクエリの内側に記述していましたが、背景画像の非表示についてはiOSでの問題を回避するものでもあるので、横向きのタブレットに対しても適用させます。

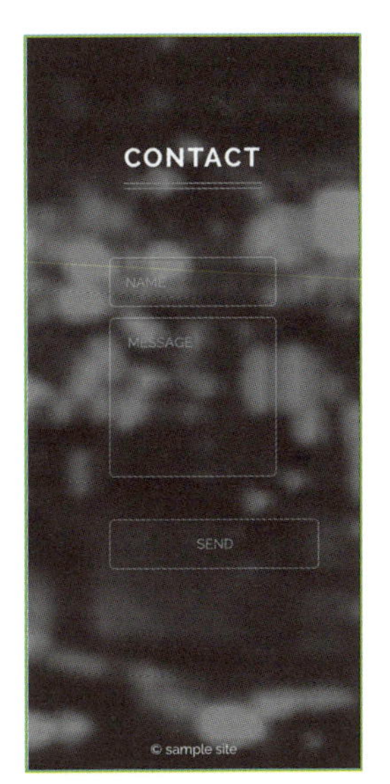

図20.20 調整前のセクション4の表示

ここまで記述していたメディアクエリの外側に、新しく横向きのタブレット用のメディアクエリを記述して背景画像をなくす指定を行ないます。タブレットは横向きにしたときの横幅が1024px以下になる端末が多いです。max-width: 1024pxのメディアクエリは表示領域の横幅が1024px以下だった場合に適用されるので、横向きのタブレットのほか、それ以下の横幅である縦向きのタブレットやスマートフォンに対しても適用されます。

**メディアクエリと背景指定の追加**

```
@media (max-width: 1024px) {
  body {
    background-image: none;
  }
}
@media (max-width: 768px) {
  /* スマートフォンと縦向きのタブレット用のスタイル */
}
```

→ 追加

タブレットとスマートフォンでは背景画像が表示されなくなりました（図20.21）。

ここからはまたスマートフォンと縦向きのタブレット向けであるmax-width: 768pxのメディアクエリの中に記述していきます。続いて、PC向けでは50%だった.contact-formの幅を80%まで広げます（図20.22）。

**問い合わせフォームの調整**

```
  .contact-form {
    width: 80%;
  }
```

最後に、広くなりすぎている下部の余白を調節します（図20.23）。

**下部の余白の調整**

```
  .contact {
    padding-bottom: 80px;
  }
```

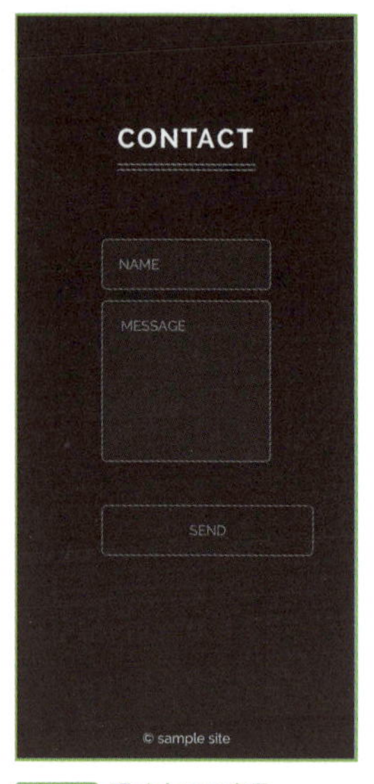


図20.21 現時点での表示
［bodyの背景画像の削除後］

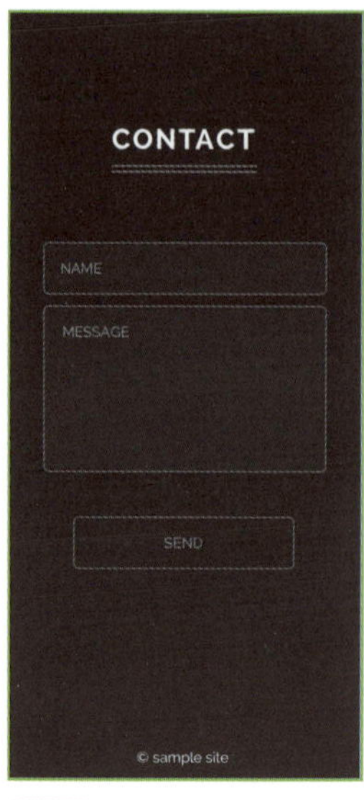


図20.22 現時点での表示
［問い合わせフォームの調整後］

図20.23 現時点での表示
［下部の余白の調整後］

これですべての調整が完了しました。最終的な表示は以下のようになります（図20.24）。

HTMLは同じまま、スマートフォンの狭い画面からでも見やすいレイアウトになっています。

今回はPC向けのコーディングを行なってからスマートフォン向けのコードを追加しましたが、サイトのレイアウトをスマートフォン対応させる場合には、まずPC向けのレイアウトをデザインする段階でスマートフォン向けのレイアウトの考慮が必要です。画面幅が狭まった際にどのように表示を変更するか考えながら最初のデザインを行なうことで、後々のコーディングもやりやすくなります。

図20.24 最終的なセクション4の表示

PART 3

# セルフコーディングにチャレンジ

**PARTの最後に力試しです。決まった正解はありません。デザインを見て、自分が良いと思う組み方で楽しみながらコーディングしてみましょう！**

## 見出しのデザインバリエーション

セクションごとに使用している見出しのデザインを変えてみましょう！

2本の下線ではなく、左右にひし形の飾りがついたデザインをコーディングしてみましょう。ひし形の枠線は見出しのテキストの色と同じく、背景が白なら黒、黒なら白になります。

スマートフォンでの表示時は見出しの文字サイズが小さくなるので、あわせて飾りの大きさも小さめになります。

◇ ABOUT ME ◇

見出し　黒文字

見出し　白文字

スマートフォンでの表示

**HINT**

元々２本の下線に使っていた.heading::before, .heading::after擬似要素のスタイルを一度削除して、左右のひし形にしてみましょう

ひし形の作り方は？――正方形を45度傾ければよさそう！　傾けるということは、言い換えると少し回転させるということですね！ ▶P.76

ひし形の枠線を文字色と同じにするには？――親要素（.heading）の文字色を利用できればよさそうですね！ ▶P.191

横並びの要素の縦方向の位置を調整するには？ ▶P.74

スマートフォンでの表示時だけ飾りの大きさを変更するには？ ▶P.216
もしくはスマートフォン向けの指定をせずに、見出しの文字サイズと飾りの大きさを連動させる方法はないでしょうか？

参照 筆者のコーディング例➔APPENDIX P.238

## WORKSのインタラクション

WORKSでは架空の作品紹介として写真と説明文を互い違いに並べたコーディングを行ないました。そこからもう一歩踏み込んで、より作品に注目されるようなインタラクションをつけてみましょう。

PCでそれぞれの作品にマウスオーバーしたとき、作品の写真が少しズームインするような動きをつけてみましょう！　写真が配置されている枠のサイズは変えないまま、その枠の中で写真を拡大させることでズームインのような効果をつけることができます。

マウスオーバー時に枠内で画像を拡大



### HINT

- 要素を拡大するCSSプロパティは？　▶P.76
- 時間をかけてなめらかに拡大させるには？　▶P.76
- 枠外にはみ出したぶんの写真を表示させないためには？　▶P.59
- 拡大された画像が説明文側にはみ出さないように、1・3枚目は画像の上辺、2・4枚目は画像の下辺を基準にして拡大させてみましょう！　▶P.76

参照　筆者のコーディング例→APPENDIX P.240

COLUMN

## CSSプリプロセッサ（CSSメタ言語）

PART3のONE POINT「CSSシングルクラス設計とマルチクラス設計」（P.157）の最後でCSSプリプロセッサについて触れました。CSSプリプロセッサとは、簡単にいえば「機能拡張されたCSS」です。CSSメタ言語とも呼ばれるこのCSSプリプロセッサを使用すると、CSSを拡張した新しい記法や強力な機能を使って効率的にスタイルを記述することができます。主にどのような機能があるのかを簡単に紹介します。

- スタイルの入れ子
- 変数
- mixin（再利用できるスタイルのセット）
- extend（他で定義したスタイルを読み込み）
- 条件分岐
- 繰り返し
- 色の操作

スタイルの入れ子や変数を使用することでコードの見通しがよくなり、変更点を集約できるので保守性が上がります。mixinやextendを使用すると、よく使うスタイルをひとまとめにして何度も呼び出すことができるのでコードの重複が減り、より設計を意識してスタイルを書けるようになります。条件分岐や繰り返しを使用するとまるでプログラムのようにCSSを記述することができ、簡単な式で複雑なスタイルを記述することができます。

細かい機能や記法はCSSプリプロセッサの種類によって異なります。よく使われるのはSass（SCSS）、LESS、Stylusです。SassとLESSはRubyで、StylusはJavaScript（Node.js）でコンパイラが動いています。CSSプリプロセッサの記法で書かれたファイルはブラウザがそのまま解釈することはできないので、コンパイラを通して通常のCSSに変換してから読み込むことになります。

最初にコンパイルができる環境を整えるまでが少し大変ですが、慣れるとコーディングの効率がかなり変わってきます。今はCSSプリプロセッサについての記事や書籍もたくさん出てきています。CSSに一通り慣れてきたらぜひ調べてみてください。

# APPENDIX

## セルフコーディングにチャレンジ コーディング例

各PART末尾にある、セルフコーディングにチャレンジのコーディング例です。解答ではなくあくまで一例なので、詰まったところがあれば参考にしてみてください。

PART 1

# セルフコーディングにチャレンジ コーディング例

コーディングの一例を紹介します。参考にしてください。

## ランキングの見せ方

画像の右上に丸い形で表示されるランキング順位のコーディング例です（図A1.1）。

ここで紹介するコードは、Chapter-05で記述した.ranking .orderと.ranking .order::beforeのスタイルをコメントアウトしてから適用してください。

図A1.1 ランキングの順位部分をアレンジ

.orderに縦横のサイズと背景色、文字色、線を指定し、border-radius: 50%;で要素を円形にします。順位の番号が中央寄せになるよう、text-align: center;を指定します。.orderをデザインどおりの位置に配置するため、親要素である.ranking-itemにposition: relative;を指定したうえで.orderにposition: absolute;を指定してleftプロパティとtopプロパティで位置を調整します。参照 positionプロパティ→P.170

ランキング部分　コーディング例

```
.ranking .ranking-item {
  position: relative;
}
.ranking .order {
  position: absolute;
  top: -9px;
  left: 44px;
  width: 20px;
  height: 20px;
  border: 1px solid #ccc;
  border-radius: 50%;
  background-color: #fff;
  color: #aaa;
  text-align: center;
  font-weight: bold;
  line-height: 18px;
}
```

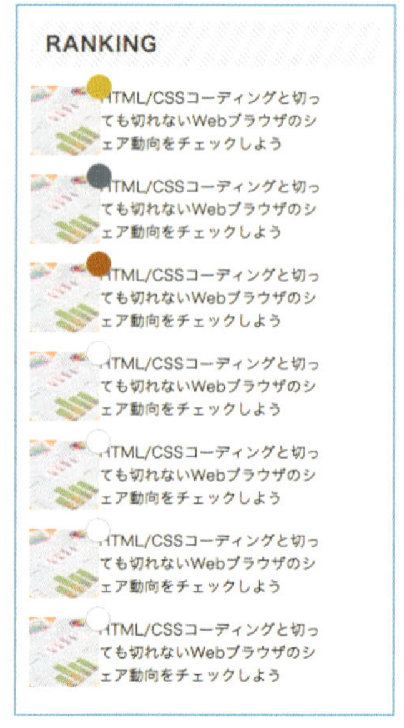


図A1.2 現時点での表示

続いて、中身となるテキスト部分です。

順位の表示は本編でコーディングしたときと同じく、::before擬似要素のcontentプロパティにCSSカウンタを利用しています。 参照 CSSカウンタ➔P.80

line-heightは縦方向の中央寄せにしたいため、.orderの内側の高さと同じにします。

.orderに枠線がない場合はheightと同じ20px、枠線がある場合はheightから上下の枠線の2pxを引いた18pxになります。

**テキスト部分　コーディング例**

```
.ranking .order::before {
  content: counter(ranking);
  counter-increment: ranking;
  font-size: 1.0rem;
}
.ranking .ranking-item:nth-of-type(1) .order,
.ranking .ranking-item:nth-of-type(2) .order,
.ranking .ranking-item:nth-of-type(3) .order {
  line-height: 20px;
}
```

図A1.3 現時点での表示

画像の右側にmarginを追加してテキスト部分との間隔をとります。ランキング部分の横幅である275pxのうち画像とmarginがそれぞれ55px、20pxなので、残りの200pxを.textの幅として指定します。

**順位の表示　コーディング例**

```
.ranking .image {
  margin-right: 20px;
}
.ranking .text {
  width: 200px;
}
```

図A1.4 最終的な表示

# セルフコーディングにチャレンジ コーディング例

コーディングの一例を紹介します。参考にしてください。



## ホバーしたときの「MORE」表示

リンクになっているボックスにホバーしたときの「MORE」表示のコーディング例です。

最初に、画像部分を暗くします(図A2.1)。リンクになっているボックスのみに表示したいので、.item直下のa要素の::before擬似要素を使用します。

可変グリッドのライブラリであるMasonryによって、自動的に.itemにposition: absolute;が指定されているので、中の::before擬似要素をposition: absolute;にすると.itemを基準として配置されます。

画像部分を暗くする

```
.item > a::before {
  content: '';
  position: absolute;
  top: 8px;
  right: 8px;
  left: 8px;
  display: block;
  height: 109px;
  background: rgba(0, 0, 0, 0.5);
}
.item-m > a::before {
  height: 146px;
}
.item-l > a::before {
  height: 403px;
}
```

参照 positionプロパティ➔P.170

top、right、leftプロパティに.itemのpaddingの幅である8pxを指定することで、.itemの8px内側に::before擬似要素が表示され、表示位置が画像と同じ位置になります。さらにheightにはボックスのサイズごとに画像と同じ値を指定することで、::before擬似要素がそれぞれのボックスの画像とぴったり重なります。

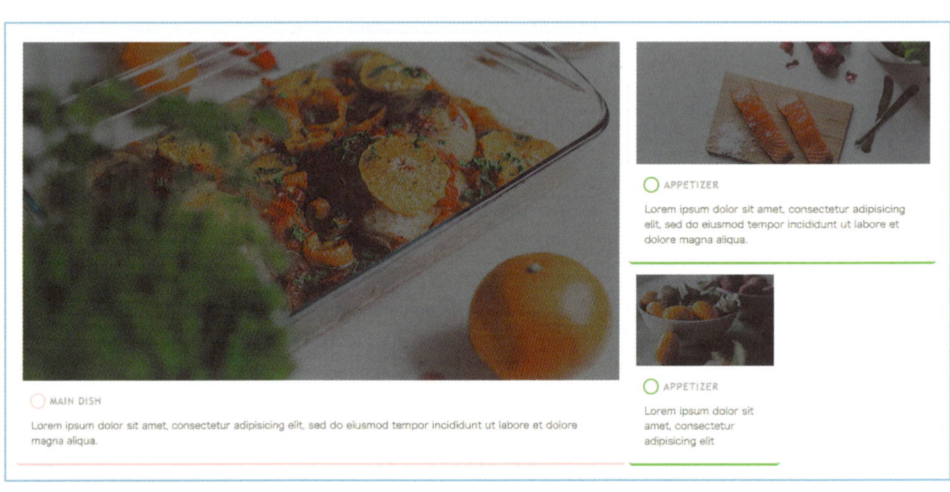


図A2.1 画像部分を暗くする

続いて、MOREの表示です。こちらもリンクになっているボックスのみに表示したいので、.item直下のa要素の::after擬似要素を使用します。まずは位置指定なしでデザインの再現だけをしてみます（図A2.2）。

**MOREのデザインをコーディング**

```
.item > a::after {
  content: 'MORE';
  position: absolute;
  top: 20px;  /* 表示確認用 */
  left: 20px; /* 表示確認用 */
  display: block;
  width: 100px;
  padding: 8px;
  border: 3px solid #fff;
  color: #fff;
  text-align: center;
  letter-spacing: 3px;
  font-size: 1.6rem;
  font-family: "Trebuchet MS", "Hiragino ➡
Kaku Gothic ProN", Meiryo, sans-serif;
}
```

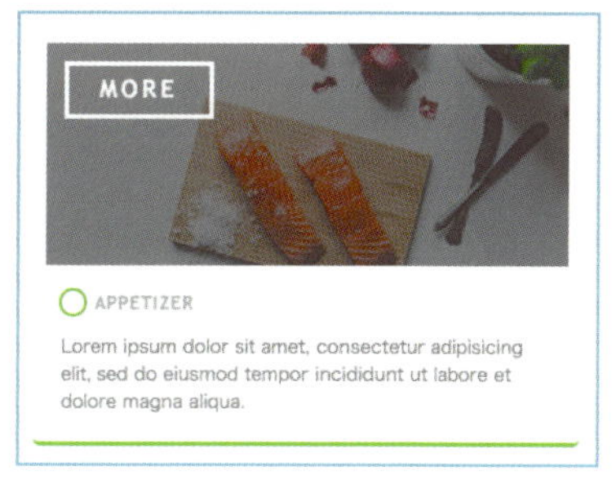


図A2.2 MOREのデザインをコーディング

::before擬似要素と同様にposition: absolute;で配置します。topとleftは表示確認用の仮の値です。横幅は100pxにしています。font-familyプロパティにはカテゴリ部分と同じ値を使用しています。

次に、MOREを画像の中央に配置するための位置指定を行ないます（図A2.3）。position: absolute;が指定された要素の横方向の中央寄せは、ネガティブマージンを使用して表現できます。leftプロパティに50%を指定すると、.itemの中央のラインに::after擬似要素の左辺が重なります。そこから::after擬似要素の横幅の半分である50pxをmargin-leftにネガティブマージンとして持たせることで、::after擬似要素がその幅ぶん左に移動し、.itemの中央のラインが::after擬似要素の中央のラインと重なります。

**横方向の中央寄せ**

```
.item > a::after {
  content: 'MORE';
  position: absolute;
  top: 20px; /* 表示確認用 */
  left: 50%;          ——→ 変更
  display: block;
  width: 100px;
  margin-left: -50px; ——→ 追加
  padding: 8px;
  border: 3px solid #fff;
  color: #fff;
  text-align: center;
  letter-spacing: 3px;
  font-size: 1.6rem;
```

```
  font-family: "Trebuchet MS", "Hiragino Kaku Gothic ProN",  Meiryo, ➡
sans-serif;
}
```

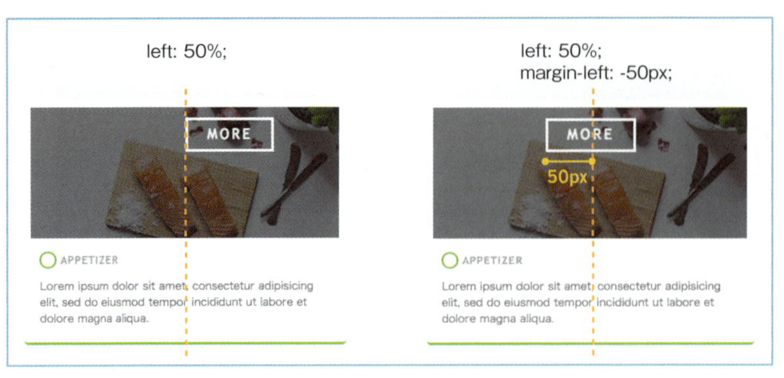


図A2.3 横方向の中央寄せ

縦方向の位置を決めるtopプロパティの値は画像の高さから計算します。.itemのpadding-topの8pxと画像の高さの半分を足した値から、擬似要素の高さの半分を引いた値を指定します。擬似要素の高さは上下のborderが6px＋上下のpaddingが16px＋テキストのfont-sizeが16pxで計38pxなので、半分の高さは19pxです。画像の高さが146pxの中サイズのボックスで計算すると、8＋73－19 なのでtopプロパティの値は62pxになります（図A2.4）。他の大きさのボックスも同様に計算すると、小さいボックスは43.5px、大きいボックスは190.5pxになります。

**縦方向の中央寄せ**

```
.item > a::after {
  content: 'MORE';
  position: absolute;
  top: 43.5px;  ――――――――→ 変更
  left: 50%;
  width: 100px;
  margin-left: -50px;
  padding: 8px;
  border: 3px solid #fff;
  color: #fff;
  text-align: center;
  letter-spacing: 3px;
  font-size: 1.6rem;
  font-family: "Trebuchet MS", "Hiragino Kaku Gothic ProN", ➡
Meiryo,  sans-serif;
}
.item-m > a::after {  ┐
  top: 62px;          │
}                     │
.item-l > a::after {  ├→ 追加
  top: 190.5px;       │
}                     ┘
```

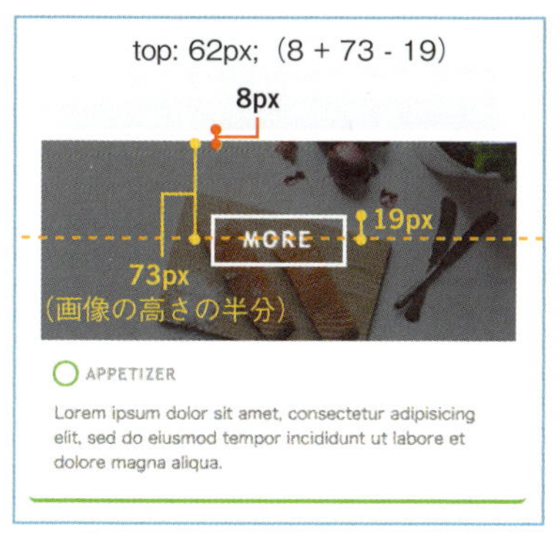


図A2.4 縦方向の中央寄せ

最後に、ホバーしたときにだけアニメーションしながら現われるように指定します（図A2.5）。

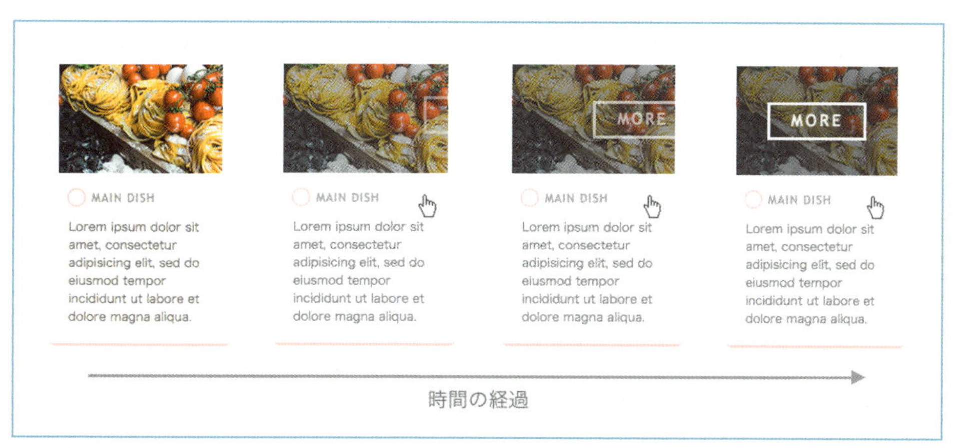


図A2.5 アニメーションのイメージ

アニメーションの指定

```
.item {
  overflow: hidden;
}
.item > a::before {
  content: '';
  position: absolute;
  top: 8px;
  right: 8px;
  left: 8px;
  height: 109px;
  background: rgba(0, 0, 0, 0.5);
  opacity: 0;
  transition: opacity 0.3s linear;
}
.item > a:hover::before {
  opacity: 1;
}
```

（`.item { overflow: hidden; }`、`opacity: 0;` `transition: opacity 0.3s linear;`、`.item > a:hover::before { opacity: 1; }` → 追加）

```
.item > a::after {
  content: 'MORE';
  position: absolute;
  top: 43.5px;
  left: 150%;  → 変更
  width: 100px;
  margin-left: -50px;
  padding: 8px;
  border: 3px solid #fff;
  color: #fff;
  text-align: center;
  letter-spacing: 3px;
  font-size: 1.6rem;
  font-family: "Trebuchet MS", "Hiragino Kaku Gothic ProN", Meiryo, ➡
sans-serif;
  opacity: 0;                         ┐
  transition: all 0.3s ease-in-out;   ┘→ 追加
}
.item > a:hover::after {  ┐
  left: 50%;              │→ 追加
  opacity: 1;             │
}                         ┘
```

ふだんはopacityを0にし、:hoverで1にすることで表示／非表示を切り替えます。display: none;とdisplay: block;での表示／非表示にはアニメーションが効きませんが、opacityプロパティの場合は数値の変化になるのでアニメーションが有効になります。MOREを右からスライドして表示するにはleftプロパティを変化させます。最初は150%でボックスの外にはみ出させておき、:hoverで先ほど調整した50%に変更します。left: 150%;でボックスの外にはみ出ているときはopacityが0なので目には見えませんが、要素として存在はしているので触れることができてしまいます。そのため、ボックスの外側に出たときには完全に隠すために.itemにoverflow: hidden;を指定しています。

これでコーディングが完成しました。

画像の中央の位置を割り出す計算が少し複雑でしたが、HTML側を変更するともっと簡潔にコーディングできるようになります。画像をdiv要素で囲い、そのdiv要素にimageクラスを移動します。

**ボックスのHTMLの変更**

```
<section class="item item-maindish">
  <a href="#">
    <div class="image">  → 追加
      <img src="images/image_S_1.jpg" alt="メインディッシュ">  → imageクラスを削除
    </div>  → 追加
    <div class="category">MAIN DISH</div>
    <p class="description">Lorem ipsum dolor sit amet.</p>
  </a>
</section>
```

### HTML変更後のCSS

```
.item {
  overflow: hidden;
}
.item .image {
  position: relative;
}
.item .image img {
  width: 100%;
}
.item > a .image::before {
  content: '';
  position: absolute;
  top: 0;
  right: 0;
  bottom: 0;
  left: 0;
  background: rgba(0, 0, 0, 0.5);
  opacity: 0;
  transition: opacity 0.3s linear;
}
.item > a:hover .image::before {
  opacity: 1;
}
.item > a .image::after {
  content: 'MORE';
  position: absolute;
  top: 50%;
  left: 150%;
  width: 100px;
  margin-top: -19px;
  margin-left: -50px;
  padding: 8px;
  border: 3px solid #fff;
  color: #fff;
  text-align: center;
  letter-spacing: 3px;
  font-size: 1.6rem;
  font-family: "Trebuchet MS", "Hiragino Kaku Gothic ProN",  Meiryo, ➡
sans-serif;
  opacity: 0;
  transition: all 0.3s ease-in-out;
}
```



.imageをdiv要素にし、画像にかぶせる半透明の黒とMOREをa要素ではなく.imageの擬似要素とすることで、.imageに対しての割合を指定できるので画像のサイズごとのコーディングが不要になりました。

PART 3

# セルフコーディングにチャレンジ コーディング例

コーディングの一例を紹介します。参考にしてください。

## 見出しのデザインバリエーション

文字の両側にひし形の飾りがついた見出しのコーディング例です。

図A3.1 コーディングするデザイン　黒文字

図A3.2 コーディングするデザイン　白文字

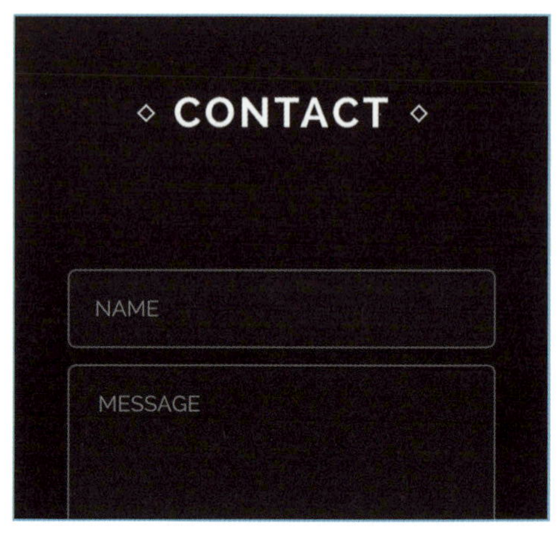


図A3.3 スマートフォンでの表示

### コーディング例

```
.heading::before,
.heading::after {
  content: '';
  display: inline-block;
  width: 12px;
  height: 12px;
  margin: 0 20px;
  border: 1px solid;
  vertical-align: 8px;
  -webkit-transform: rotate(45deg);
  -ms-transform: rotate(45deg);
  transform: rotate(45deg);
}
@media (max-width: 768px) {
  .heading::before,
  .heading::after {
    width: 8px;
    height: 8px;
    margin: 0 12px;
    vertical-align: 5px;
  }
}
```

こちらのコードは、Chapter15で記述した.heading::beforeと.heading::afterのスタイルをコメントアウトしてから適用してください。

幅と高さを指定できるようにinline-blockを指定してからwidthとheightで小さな正方形を作り、transform: rotate(45deg);で45度傾けるとひし形になります。左右のmarginで見出しのテキストと間隔をとり、vertical-alignで縦方向の位置を調整します。borderの色はあえて指定しないことで自身のcolorプロパティの色が使用されるので、黒文字の見出しでは黒、白文字の見出しでは白の枠線になります。また、メディアクエリが効くデバイスサイズのときには見出しのfont-sizeが小さくなるので、同じ内容のメディアクエリでひし形の大きさやmarginを調整します。

または、見出しの文字サイズがメディアクエリによって変わることを利用し、スマートフォン用に調整する必要のあるプロパティはemを使用して文字サイズベースで指定することで個別の調整が不要になります。

**コーディング例 [emを利用したコーディング]**

```
.heading::before,
.heading::after {
  content: '';
  display: inline-block;
  width: 0.3em;
  height: 0.3em;
  margin: 0 0.5em;
  border: 1px solid;
  vertical-align: 0.2em;
  -webkit-transform: rotate(45deg);
  -ms-transform: rotate(45deg);
  transform: rotate(45deg);
}
```

先ほどまでメディアクエリを使用して調整していたwidth、height、vertical-align、marginの指定にemを使用しています。PCでの見出しの文字サイズはでは4rem = 40px、スマートフォンでは2.5rem = 25pxなので、width、heightの0.3emを例に挙げると、widthとheightの値はPCでは40×0.3で12px、スマートフォンでは25×0.3で7.5pxとなります。他のプロパティも同様に文字サイズの大きさによって値が変わるため、結果的にメディアクエリでの調整が不要になります。

## WORKSのインタラクション

ホバーで画像をズームさせるインタラクションのコーディング例です。

コーディング例

```
.work-box {
  overflow: hidden;
}
.work-box img {
  transition: -webkit-transform 0.5s ease-in-out;
  transition: transform 0.5s ease-in-out;
}
.work-box:hover img {
  -webkit-transform: scale(1.1);
  transform: scale(1.1);
}
```

図A3.4 ホバーしたときに枠内で画像を拡大

各作品のブロックにホバーしたときにその中にある画像を拡大したいので、.work-box:hoverの中にあるimg要素をtransform: scale(1.1);で1.1倍に拡大します。加えて、transitionにtransformを指定して拡大が滑らかに行なわれるようにします。-webkit-のベンダープレフィックスはSafari 8以下向けにつけています。また、拡大されて枠外にはみ出たぶんの画像は表示されないよう、.work-boxのoverflowにはhiddenを指定します。

これでズームが行なわれるようになりましたが、このままだと拡大が画像の中央から行なわれるため1・3枚目は画像の上側が、2・4枚目は画像の下側がそれぞれ説明文側にはみ出してしまいます。.work-boxの範囲内であるので、overflow: hidden;によって非表示にすることもできません。これを回避するため、1・3枚目は画像の上側、2・4枚目は画像の下側を起点として画像の拡大が行なわれるようにします。

transform-originの追加

```
.work-box {
  overflow: hidden;
}
.work-box img {
  transition: -webkit-transform 0.5s ease-in-out;
  transition: transform 0.5s ease-in-out;
}
.work-box:nth-of-type(odd) img {
  -webkit-transform-origin: top center;
  transform-origin: top center;
}
.work-box:nth-of-type(even) img {
  -webkit-transform-origin: bottom center;
  transform-origin: bottom center;
}
.work-box:hover img {
  -webkit-transform: scale(1.1);
  transform: scale(1.1);
}
```

（.work-box:nth-of-type(odd) img 〜 .work-box:nth-of-type(even) img のブロック：追加）

参照 transform プロパティ ➔ P.76

図A3.5 ホバーしたときに枠内で画像を拡大

これで説明文側へのはみ出しも回避することができました。

# INDEX

## 著者プロフィール


**吉田真麻**（よしだ まあさ）

1991年生まれ。中学時代に個人のモバイルサイトを作ったことがきっかけでHTML/CSSコーディングの面白さを知り、高校・大学と学業のかたわら趣味仕事問わず複数のサイト制作を行なう。19歳の頃から本格的にWeb制作業に就き、その後PHPとJavaScriptに出会ってプログラミングに目覚める。
現在の活動は主にフロントエンドエンジニアとして、HTML/CSS/JavaScriptでのシングルページアプリケーションの開発や個人のプロダクト制作、イベント登壇など。
コーディングやプログラミングは仕事としても趣味としても楽しんでおり、その楽しさを周りの人にも伝えていきたいと思っている。

Twitter **@yoshiko_pg**
Web **http://yoshiko-pg.github.io/**



装丁・本文デザイン　宮嶋章文
サンプルサイトデザイン　細見真倫
DTP　株式会社シンクス

エイチティーエムエルファイブ シーエスエススリー
**HTML5/CSS3モダンコーディング**
**フロントエンドエンジニアが教える3つの本格レイアウト**
**スタンダード・グリッド・シングルページレイアウトの作り方**

2015年11月 2 日 初版第1刷発行
2020年12月10日 初版第9刷発行

著　　者　吉田真麻
発 行 人　佐々木 幹夫
発 行 所　株式会社 翔泳社（https://www.shoeisha.co.jp）
印刷・製本　株式会社シナノ





ISBN 978-4-7981-4157-2　　Printed in Japan